郎跃深
张洪伟
周英昊 主编

关键操作技术 养羊二十四项

化学工业出版社

·北京·

内容简介

本书详细介绍了羊养殖过程中的34项关键操作技术，包括羊品种选择及日常观察，羊舍建造形式及附属设施的使用，羊管理原则、注意事项及购买运输，青贮饲料的制作，羊的人工授精，羊的日常管理，羊群放牧，不同类型羊的饲养管理，羊的育肥，以及羊只智能养殖决策等关键技术。其中吸收了养羊的新成果，融入了养羊户的成功经验，并附有40多段视频，从而使读者能够更加直观地了解和学习相关操作技术。

图书在版编目（CIP）数据

三十四项养羊关键操作技术 / 郎跃深，张洪伟，周英昊主编. -- 北京：化学工业出版社，2025. 7.
ISBN 978-7-122-48015-6

Ⅰ．S826

中国国家版本馆CIP数据核字第2025K5Z567号

责任编辑：李　丽　　　　　　　　装帧设计：刘丽华
责任校对：杜杏然

出版发行：化学工业出版社
　　　　　（北京市东城区青年湖南街13号　邮政编码100011）
印　　装：河北京平诚乾印刷有限公司
850mm×1168mm　1/32　印张7¼　字数173千字
2025年9月北京第1版第1次印刷

购书咨询：010-64518888　　　　　售后服务：010-64518899
网　　址：http://www.cip.com.cn
凡购买本书，如有缺损质量问题，本社销售中心负责调换。

定　　价：49.80元　　　　　　　　版权所有　违者必究

编写人员名单

主　编　郎跃深　张洪伟　周英昊

副主编　陈彦丽　李凤华　宋连杰　许翙舟　冯　曼

参　编　白和平　韩明达　郎笑晨　刘秀文　刘志泰
　　　　　李　超　李荣奇　李　雪　高玉红　毛　森
　　　　　任冬雪　石锐利　孙　贺　谭美姝　王一凡
　　　　　王亚男　夏鸿杰　辛淑梅　谢晓岩　于　滨
　　　　　杨志会　赵华春　张　华　张新竹　张　彤

主　审　郭建军

我国是一个传统的养羊大国，有着悠久的养羊历史，无论是从养羊的数量还是从养羊的品种上看，我国都居于世界前列。这是因为，我国具有得天独厚的发展养羊业的自然条件——广阔的草原和山地，并且秸秆等农副产品资源又十分丰富，因而非常适合养羊。

养羊需要技术，要想把羊养好，科学养殖的技术少不了。这本书遵循实用性和可操作性的原则，吸收了养羊的新成果，融入了养羊户的成功经验，详细介绍了三十四项养羊的关键操作技术，力求使养羊户及羊场技术人员能够读得懂、用得上。为此，编写组专门录制、采集了四十几段视频，目的是使读者在视觉上更加直观，操作起来更容易、更规范，就如同手把手传授操作技术一样。

本书在编写过程中，参考了一些专家学者的相关文献，也吸收了一线养殖工作者及养殖户的实际经验，可操作性强，十分接地气，遵从了实用、管用、够用的原则，非常适合养羊技术人员阅读学习。但由于编写人员的水平有限，书中的不足和疏漏之处在所难免，恳请读者和同行们批评指正。

目录

操作技术四

青贮饲料的制作

操作技术五

羊的人工授精技术

操作技术六

羊的日常管理技术

操作技术七
羊群放牧技术

操作技术八
不同类型羊的饲养管理技术

操作技术九

羊的育肥技术

操作技术十

羊只智能养殖决策关键技术

羊品种选择及日常观察技术

养羊的目的是获得羊肉、羊毛、羊绒、羊奶、羊皮等羊产品，但因为羊品种的不同，其相关的生产性能差异又非常大，因而羊的品种及用途等便备受养殖者的关注。养殖者尤其关注的是不同品种羊的特点、生活习性、外貌特征及生产性能等，了解这些知识可以更好地为养殖场（户）提供有关的信息，以帮助养殖者确定养殖方向。再就是，在养羊过程中，为了提高养殖的经济效益，养殖人员还必须做好羊只和羊群的日常观察，并知晓病羊的一般临床症状。

操作（一）　山羊品种选择

根据山羊的外貌特点、生物学特性及产地等的不同，可将山羊分为多个品种。根据品种以及生产性能的不同，山羊可分为绒用、肉用、奶用和羔皮用等。要想取得良好的经济效益，选择养殖品种尤其重要。在品种选择上，如果养殖肉用羊，可选择波尔山羊、南江黄羊等；如果养殖绒用羊，可选择辽宁绒山羊、内蒙古绒山羊等；如果养殖裘皮用羊，可选择中卫山羊等；如果养殖奶用羊，可选择关中奶山羊等。下面对我国养殖数量比较多、生产性能比较典型的几个品种进行简单介绍。

1 辽宁绒山羊

辽宁绒山羊是世界上最著名的绒山羊品种，具有产绒量高、净绒率高、绒纤维长、体形大、遗传性能稳定和改良低产山羊效果好等优良品质，在我国遗传资源保护名录中，辽宁绒山羊被列为重点保护的各类羊之首，也是我国政府规定禁止出境的少数几个品种之一，被誉为"国宝"。

辽宁绒山羊主产于辽宁省东部山区和辽东半岛，分布于盖州市、岫岩满族自治县、凤城市等地。其外貌特点是：头小，额顶有长毛，颔下有髯。公、母羊均有角，公羊角大，由头顶部向两侧呈螺旋式平直伸展；母羊多板角，向后上方伸展。辽宁绒山羊颈宽厚，颈肩结合良好。背平直，后躯发达，四肢粗壮。尾短瘦，尾尖上翘。被毛白色，羊毛长而粗，无弯曲，有丝样光泽，绒毛纤维柔软细长（见图1-1、图1-2）。

图1-1　辽宁绒山羊种公羊　　　　图1-2　辽宁绒山羊种母羊

据统计，辽宁绒山羊成年公羊产绒量平均633 g，最高纪录为1920 g；成年母羊产绒量平均435 g，最高纪录为1390 g。绒纤维细度，成年公羊平均17.07 μm，成年母羊平均16.32 μm。绒纤维自然长度，成年公羊平均6.79 cm，成年母羊平均5.88 cm。其产绒量、绒纤维细度和绒纤维自然长度等，在所有绒山羊中表现都是最优秀的。

2 南江黄羊

南江黄羊是中国第一个国家级肉用山羊品种，于 1998 年 4 月 17 日被农业部（今农业农村部）正式批准审定命名。南江黄羊原产于四川省南江县，是采用多品种复杂杂交方法，在放牧饲养条件下，经过 40 余年的自然选择和人工选择培育而成的肉用型山羊品种。

南江黄羊的肉用体形特征明显，机体呈长方形，臀部肌肉发达，外形呈倒 U 形。具有体格大、生长发育快、性成熟早、四季发情、繁殖力高、适应性强、产肉性能好、泌乳性能好、肉质细嫩、板皮品质优、耐粗饲、遗传性稳定等优良特性。南江黄羊的肉用性能也非常明显，其成年公羊体重平均为 66.87 kg，成年母羊 45.64 kg。在放牧饲养条件下，周岁羯羊胴体重 15.04 kg、屠宰率 49%；在"放牧 + 补饲"条件下，8 月龄羯羊胴体重 11.4 kg、屠宰率 47.9%。

南江黄羊全身被毛黄色或黄褐色，毛短且富有光泽，颜面毛色黄黑，鼻梁两侧有一对称的浅色条纹。公羊颈下、前胸及四肢上端着生黑黄色粗长被毛，从头顶枕部沿着脊背至尾根有一条黑色毛带，十字部后颜色渐浅。母羊颜面清秀，乳房呈梨形，体躯各部结构紧凑，体质细致结实，头颈和颈肩结合良好，背腰平直、前胸深广、尻部略斜、四肢粗长、蹄质坚实，体躯略呈圆筒形。大多数公、母羊都有角，有角的约占 90%，无角的仅占 10% 左右。角向后外或向上呈倒八字形，公羊角呈弓状弯曲。公、母羊均有胡须，部分有肉髯。头型适中，鼻微拱，颈部短粗，耳大直立或微垂，鼻梁微拱。体格较大，后躯丰满，肋骨开张，四肢粗壮（见图 1-3、图 1-4）。

图1-3 南江黄羊种公羊

图1-4 南江黄羊种母羊

3 波尔山羊

波尔山羊原产于南非,是世界上著名的肉用山羊品种,被称为"肉用山羊之王"。其具有体形大、生长快、繁殖力强、产羔多、屠宰率高、产肉多、耐粗饲、适应性强、抗病力强和遗传性稳定等特点。成年公羊体重在 105～115 kg，成年母羊体重 60～90 kg。其最佳屠宰体重 38～43 kg，此时屠宰，产品肉质细嫩、适口性好、脂肪含量低、瘦肉率高。

波尔山羊的毛色通常为白色，头颈为红褐色，额端到唇端有一条白色毛带。其外貌特征是前额明显隆起，耳宽下垂，有髯。公、母羊均有角，公羊角基粗大，向后、向外弯曲；母羊角细而直立。

波尔山羊头部粗壮，眼大、棕色，额部突出，鼻呈鹰钩状。颈粗壮，长度适中，且与体长相称。肩宽肉厚，胸深而宽，颈胸结合良好。体躯深而宽阔，呈圆筒形，前躯发达，肌肉丰满，肋骨开张，背部宽阔而平直。腹部紧凑，臀部和腿部肌肉丰满。尾平直，尾根粗、上翘。四肢端正，短而粗壮，系部关节坚韧，蹄壳坚实，前肢长度适中、匀称。全身皮肤松软，颈部和胸部有明显的皱褶，尤以公羊为甚。全身毛细短而稀，有光泽（见图1-5，图1-6）。

图1-5　波尔山羊公羊

图1-6　波尔山羊母羊

4 马头山羊

马头山羊是肉皮兼用的地方优良品种之一，主产于湖北省十堰、恩施和湖南省湘西、常德等地区，主要分布在海拔

300～1000 m 的亚热带山区丘陵。马头山羊是国内山羊地方品种中生长速度较快、体形较大、肉用性能很好的品种之一。

马头山羊无论公、母羊都无角，头似马，因性情迟缓，群众俗称其为"懒羊"。公羊头较长，大小中等，4 月龄后额顶部长出长毛（雄性特征），并渐伸长，可遮至眼眶上缘，长久不脱，若去势 1 月后则全部脱光，不再复生。

马头山羊的毛以白色为主，有少量黑色和麻色。体躯呈长方形，背腰平直，结构匀称，肋骨开张良好，臀部宽大，尾巴短而且上翘，乳房发育良好，四肢结实有力（见图 1-7）。马头山羊生长发育快，体格较大。成年公羊体重在 45 kg 左右，1 岁公羊体重可达 25 kg；成年母羊体重在 34 kg 左右，1 岁母羊体重可达 20 kg 以上，但不同地区略有差异。马头山羊肉用性能良好，成年母羊和羯羊的屠宰率都在 50% 以上。

图 1-7　马头山羊

5　黄淮山羊（槐山羊）

黄淮山羊又称槐山羊，俗称"槐皮山羊"，属于皮用品种，原产于黄淮平原南部，因广泛分布在黄淮流域而得名。主要分布在河南省东部周口地区的淮阳、项城、郸城、驻马店、许昌，以及安徽省及江苏省北部等地。

　　黄淮山羊具有性成熟早（初配年龄 4～5 月龄，群众俗语说"羔见羔，当年羔"，即当年羔羊又生羔）、生长发育快、四季发情、繁殖率高（平均产双羔率为 85%）等特征。成年公羊体重 34 kg 左右，成年母羊体重 26 kg。同时，其产肉性能也很好，肉质鲜嫩，膻味小，屠宰率 45% 左右。产区习惯于当年羔羊当年屠宰。

　　黄淮山羊分有角和无角两种，体形结构匀称，骨骼较细，鼻梁平直，面部稍微凹陷，颌下有髯。有角者，公羊角粗大，母羊角细小，向上、向后伸展呈镰刀状；无角者，仅有 0.5～1.5 cm 厚的角基。颈中等长，胸较深，肋骨拱张良好，背腰平直，体躯呈筒形。种公羊体格高大，四肢强壮。母羊乳房发育良好，呈半圆形。被毛白色，毛短粗，有丝光，绒毛很少（见图 1-8，图 1-9）。

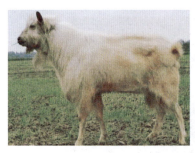 

图 1-8　黄淮山羊（无角）　　　　图 1-9　黄淮山羊（有角）

6　中卫山羊

　　中卫山羊又称沙毛山羊，是我国独特而珍贵的裘皮用山羊品种。原产于宁夏回族自治区的中卫、中宁、同心和甘肃省的皋兰、会宁等地及内蒙古阿拉善左旗。中卫山羊具有耐粗饲、耐湿热、对恶劣环境条件适应性好、抗病力强等特点。

　　中卫山羊体质结实，身短而深，近似于方形。头清秀，额部有卷毛。颌下有须。公羊有向上、向后、向外伸展的捻曲状大角，长度在 35～48 cm（见图 1-10）。母羊有镰刀状细角，长度 20～25 cm。被毛多为白色，少数呈纯黑色或杂色，光泽悦目，且能形成美丽的图案（图 1-11）。羔羊体躯短，全身生长着弯曲的毛辫，呈细小萝卜丝状，光泽良好，有丝光。

图 1-10　中卫山羊（公羊）　　　　图 1-11　中卫山羊（母羊）

中卫山羊是一种裘皮用山羊品种，其裘皮品质驰名中外。羔羊通常在 35 日龄左右宰杀取皮。

7　济宁青山羊

济宁青山羊原产于山东省西部的济宁和菏泽地区，是一种优良的羔皮用山羊品种，有独特的毛色花型，因产羔皮（青山羊羔皮、猾子皮）而著称。济宁青山羊羔皮是指济宁青山羊羔羊在出生后 3 d 内被屠宰剥取的毛皮，其毛细短，密紧适中。济宁青山羊的体格小，俗称"狗羊"。无论公羊还是母羊均有角、有髯，额部有卷毛，被毛黑、白两色混生，特征是"四青一黑"，即被毛、嘴唇、角和蹄皆为青色，两前膝为黑色。毛色随着年龄的增长而逐渐变黑（图 1-12，图 1-13）。

图1-12　济宁青山羊羔羊　　　　图1-13　济宁青山羊（成年羊）

济宁青山羊的成年公羊平均体重28.8 kg，体长60.1 cm，体高60.3 cm；成年母羊平均体重23.1 kg，体长56.5 cm，体高50.4 cm。成年羯羊的屠宰率为50%。羔羊出生后40～60 d可初次发情，一般4月龄可配种。母羊一年2胎或两年3胎，一胎多羔，平均产羔率为293.6%。初生的羔羊毛被具有波浪形花纹、流水形花纹等，十分美观漂亮。

8 关中奶山羊

关中奶山羊产于陕西省关中地区，故而得名。富平、三原、泾阳、宝鸡等地为关中奶山羊的生产基地。这些地方成为关中奶山羊生产繁育基地，故八百里秦川有"奶山羊之乡"的称誉。

产奶是关中奶山羊的主要经济指标。其产奶性能稳定、产奶量高、奶质优良、营养价值高。一般饲养条件下，优良个体一般泌乳期为7～9个月，平均产奶量一产可达450 kg，二产520 kg，三产 600 kg 以上，少数高产个体可达 800 kg 以上。

关中奶山羊是我国奶山羊中著名的优良品种。其体质结实，结构匀称，遗传性能稳定，乳用型明显。头长额宽，鼻直嘴齐，眼大耳长。母羊颈长，胸宽背平，腰长尻宽，乳房庞大，形状方圆；公羊颈部粗壮，前胸开阔，腰部紧凑，外形雄伟，睾丸发育良好，四肢端正，蹄质坚硬。关中奶山羊全身被毛短色白，皮肤呈粉红色，耳、唇、鼻及乳房皮肤上偶有大小不等的黑斑。大部分无角，部分羊有肉垂。成年公羊体高 85 cm 以上，体重 70 kg 以上；成年母羊体高不低于 70 cm，体重不少于 45 kg。关中奶山羊具有头长、颈长、体长、腿长的特征，群众俗称"四长羊"（见图 1-14，图 1-15）。

图 1-14　关中奶山羊（公羊）　　　　图 1-15　关中奶山羊（母羊）

9 萨能山羊

萨能山羊是世界上最著名的奶山羊品种之一，是奶山羊的代表型，因原产于瑞士西北部的萨能山谷地带而得名。其具有后躯发达这一典型的乳用家畜体型特征。

萨能山羊的泌乳期为 300 d，产奶量为 600～1200 kg，个体最高产奶量达到 3080 kg。其具有早熟、繁殖力强的特点，产羔率为 200%，多产双羔和三羔。利用年限为 10 年左右。

萨能山羊具有奶山羊的"楔形"体形，体格高大，细致紧凑。有"四长"的外形特点，即头长、颈长、躯干长、四肢长。被毛短粗，为白色或淡黄色，偶有毛尖呈淡黄色的。公羊的肩、背、腹部着生少量长毛。皮肤薄，呈粉红色，仅颜面、耳朵和乳房皮肤上有小的黑灰色斑点。公羊、母羊均无角或偶尔有短角，大多有胡须，部分个体颈下靠咽喉处有一对悬挂的肉垂（但非品种特性，不能以此评定是否为纯种）。公羊颈部粗壮，母羊颈部细长。胸部宽深，背宽腰长，背腰平直，尻宽而长。公羊腹部浑圆紧凑，母羊腹部大而不下垂。四肢结实，姿势端正。蹄部坚实呈蜡黄色。母羊乳房基部宽广，向前延伸，向后突出，质地柔软，乳头 1 对，大小适中（见图 1-16）。

图 1-16　萨能奶山羊

10　安哥拉山羊

安哥拉山羊是古老的也是世界上最著名的毛用山羊品种，因原产于土耳其的安卡拉（旧称安哥拉）周围的草原地带而得名。安哥拉山羊能够生产光泽度好、价值高、质量好的"马海毛"，该毛用于高级精梳纺，是羊毛中价格最昂贵的一种。

安哥拉山羊成年公羊体重 50～55 kg，成年母羊体重 32～35 kg。羊毛长度 13～16 cm，细度平均 32μm 左右。其性成熟较晚，一般母羊 18 月龄才开始配种，多产单羔，繁殖率及泌乳量均低，流产是繁殖率低的主要原因。由于个体较小，因而产肉量也低。

安哥拉山羊体格中等，公、母羊均有角，颜面平直或微凹，耳大下垂，嘴唇端或耳缘有深色斑点。颈短，体躯窄，尻倾斜，骨骼细，体质较弱。全身被毛白色，由辫状结构组成，呈波浪形或螺旋形，甚至可以垂至地面，具绢丝光泽（见图 1-17）。利用安哥拉山羊与本地种羊杂交，其后代产毛量和毛的品质一般随杂交代数的增加而提高。

图 1-17　安哥拉山羊

多媒体学习

山羊品种高清图见二维码 1 扫码。

1

操作（二） 绵羊品种选择

目前，我国养殖的绵羊品种也很多，根据其生产性能的不同，可分为毛用、肉用、皮用、乳用等类型。下面对养殖数量比较多、养殖范围比较广以及性能比较典型的几个绵羊品种进行简单介绍。

1 小尾寒羊

小尾寒羊被誉为中国"国宝"、世界"超级羊"及"高腿羊"，被我国定为名畜良种，并被列入了《国家畜禽遗传资源目录》。其主产于山东省西南部、河南省东北部及河北省南部黄淮平原一带的，是我国肉裘兼用型绵羊品种。其具有生长发育快、早熟、繁殖力强、遗传性能稳定以及适应性强等特点。

小尾寒羊体躯长呈圆筒状，侧视略呈正方形，结构匀称，四肢高，健壮端正。背腰平直，胸部宽深，肋骨开张。头长，鼻梁稍隆起，耳大下垂。眼大有神，嘴头齐。尾形很不一致，多为长圆形，有的尾根较宽而向下逐渐变窄，呈三角形。

公羊头大颈粗，前躯发达，四肢粗壮，有悍威、善抵斗，有发达的螺旋形大角，角呈三棱形，角根粗，角质坚实，角尖稍向外偏，也有的向内偏，称为"扎腮角"；母羊头小颈长，有角者约占半数，形状不一，但多数仅有角根，有镰刀状角、鹿角状角、姜芽状角及短角等。

小尾寒羊以白色毛者最多，头部及四肢有黑斑或褐色斑点者次之。被毛密度小，腹部无绒毛，四肢上端毛也较少（见图1-18）。

小尾寒羊具有非常好的繁殖性能，每胎平均产羔率达266%

以上。成年公羊平均体重 90 kg 左右；成年母羊平均体重 50 kg 左右。其生长快、体格大，肉多、肉质细嫩，肌间脂肪呈大理石纹状。小尾寒羊裘皮质量好，制革价值也高。

图 1-18　小尾寒羊公羊

2 湖羊

湖羊是我国一级保护地方畜禽品种，是我国特有的羔皮用绵羊品种，以其羔皮而闻名。湖羊于 2000 年和 2006 年先后两次被农业部（今农业农村部）列入了《国家畜禽遗传资源目录》。同时，湖羊也是世界著名的多胎绵羊品种。其主要分布于我国太湖地区，包括浙江、上海、江苏等地。湖羊产后 1～2 日宰剥的小湖羊羔皮花纹美观，有水波纹状的花纹。

湖羊体格中等，公、母羊均无角。头狭长，鼻梁隆起，多数耳大下垂。颈细长，体躯狭长，背腰平直，腹微下垂，短脂尾呈扁圆形，尾尖上翘，四肢偏细而高。被毛全白，腹毛粗、稀而短，体质结实（见图 1-19，图 1-20）。

图 1-19　湖羊　　　　　　　　图 1-20　湖羊羊群

湖羊的成年公羊体重大约 50 kg，成年母羊体重大约 37 kg，1 岁时，公、母羊可达成年体重的 70% 左右。湖羊的剪毛量不高，公羊平均为 1.5 kg，母羊平均为 1.0 kg 左右，毛长 12 cm 左右。

3　德国肉用美利奴羊

德国肉用美利奴羊（简称"德美"）是世界上著名的肉毛兼用型绵羊品种之一。

德国肉用美利奴羊体形大，体质结实，结构匀称，头颈结合良好，体躯长，胸宽而深，背腰平直，臀部宽广，肌肉丰满，四肢坚实，后躯发育良好，呈现良好肉用型。公、母羊均无角，颈部及体躯皆无皱褶。该品种早熟，羔羊生长发育快，产肉多，繁殖力高，被毛白色，密而长，弯曲明显，皮肤细腻呈粉红色（见图1-21，图1-22）。

图1-21　德国肉用美利奴羊　　　图1-22　德国肉用美利奴羊群

德国肉用美利奴羊的成年公羊体重为100～140 kg，成年母羊70～80 kg。成年公羊体高75 cm，成年母羊体高65 cm。羔羊生长发育快，在良好饲养条件下，羔羊育肥期间日增重可达300～350 g，130 d可屠宰，活重可达38～45 kg，胴体重8～22 kg，屠宰率可达50%。成年羊屠宰率在50%以上。

4　萨福克羊

萨福克羊是世界上著名的肉用绵羊品种，因原产于英国东部和南部丘陵地区的萨福克郡而得名。萨福克羊具有早熟、生长发育快、产肉性能好、母羊母性好等特点。

萨福克羊体格大，头短而宽，鼻梁隆起，耳大。颈长、深且宽厚，胸宽，背、腰和臀部长宽而平。公、母羊均无角。肌肉丰满，后躯发育良好。体躯主要部位被毛白色，头和四肢为黑色，并且无羊毛覆盖（见图1-23，图1-24）。

图1-23　萨福克羊　　　　图1-24　萨福克羊的羊群

萨福克羊的成年公羊体重100～136 kg，成年母羊70～96 kg。剪毛量成年公羊5～6 kg，成年母羊2.5～3.6 kg，毛长7～8 cm，细度50～58支，净毛率60%左右。

5　无角陶赛特羊

无角陶赛特羊原产于澳大利亚和新西兰。该品种属于肉毛兼用型半细毛羊品种。其具有性情温驯、易于管理、产肉性能好、早熟、生长发育快、全年发情、耐热、适应干旱气候能力强等特点。

无角陶赛特羊被毛为白色，肉用体形明显，体质结实。头短而宽，光脸，羊毛覆盖至两眼连线，耳中等大小，公、母羊均无角；颈短粗；前胸凸出，体躯长，胸宽深，肋骨开张，背腰平直；后躯丰满，发育良好，从后面看，呈倒U字形；四肢短粗；整个躯体呈圆筒状（图1-25）。

本品种成年公羊体重90～100 kg，成年母羊55～65 kg。4～6月龄羔羊平均日增重250 g，6月龄体重达45～50 kg。羊毛长7.5～10.0 cm，净毛率为60%，细度48～58支，剪毛量2.5～3.5 kg。无角陶赛特母羊具有全年发情的特点，发情周期为

14～18 d，发情持续期为 32～36 h。产羔率为 130%～180%，从产羔季节上看以春羔最多，占全年的 87%。羔羊断奶成活率为 86%～95%。

图 1-25　无角陶赛特羊公羊

　　我国新疆和内蒙古自治区曾从澳大利亚引入该品种，经过初步改良观察，发现其遗传力强，是发展肉用羔羊的良好父系品种之一。例如，用无角陶赛特羊与小尾寒羊杂交，杂交一代公羊 3 月龄体重达 29 kg，6 月龄体重达 40.5 kg，屠宰率 54.5%，净肉率 43.1%，净肉重 19.14 kg，后腿、腰肉重 11.15 kg，占胴体重 46.07%。该品种适合我国北方地区饲养。

多媒体学习

绵羊品种高清图见二维码 2 扫码。

2

操作（三） 羊的日常观察技术以及发病后的一般临床症状

羊具有较强的合群性，对疾病也有较强的抵抗能力。在患病初期，病羊的症状表现一般不明显，但当羊表现出明显症状时，则说明病情已发展到较为严重的程度了，若不及时治疗则可能导致死亡，这正如一句俗语所说："家有万贯，带毛的不算。"说明了防止疾病的重要性。因此，饲养人员平时一定要细心观察羊只及羊群的状况，同时注意观察发病羊的临床表现，对于患病羊要尽早发现并及时治疗，以避免造成更加严重的损失。

1 羊只及羊群的日常观察技术

羊只和羊群的日常观察一般可以从以下6个方面进行。

(1) 休息观察 健康羊休息时会用前蹄刨土，然后屈膝而卧，经常右侧着地斜卧，并将蹄子伸到体外。当听到异常响动时，则表现出警觉状态，立即耳竖眼巡，并躲避靠近的生人，行动灵活，不易捕捉，呼吸、反刍也在正常范畴。病羊在休息时不刨土，并慌张而卧，常带有鼻涕，呼吸不匀，精神萎靡不振，不会躲避正在走近的生人或行动迟缓，有时反刍间断或反刍停止。如果发现异常的羊只，应立即将其挑出做个体检查。

(2) 放牧观察 放牧观察首先要观察羊的精神状态和姿态步样。健康羊精神活泼、步态稳、不离群、不掉队，放牧吃草时争先恐后，吃得也快。而病羊多精神不振，沉郁或兴奋不安，步态跟跄、跛行，不喜行走，或不愿吃草，有时喜欢舔泥土、吃草根等，这些都是有病表现，可能是慢性营养不良。患病严重的羊时走时卧，并经常掉队。前肢软弱跪地或后肢麻痹，有时突然倒地发生痉挛等。一旦发现异常，应立即将其挑出做个体检查。

（3）头部观察　健康羊对外界有着敏锐的反应力，对于异常声音十分敏感，听觉也十分灵敏，眼睛清亮有神。病羊则往往不愿抬头且反应迟钝，并表现出流泪、口角流涎、口臭、眼屎堆积、流鼻涕等易察觉到的轻微症状。病情严重时会出现头部肿大、口鼻黏膜溃烂、口唇结痂现象（见图1-26、图1-27）。

图1-26　羊口疮（口唇结痂）

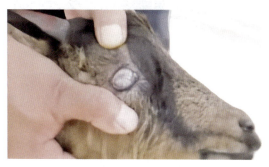

图1-27　山羊角膜增厚

（4）皮毛观察　健康羊被毛整齐而不易脱落，并富有光泽，皮肤弹性良好，毛根有油脂，膘情也好，身体结实。病羊一般被毛蓬乱，没有光泽，容易脱落，皮肤会变得苍白干燥，弹性差，同时身体虚弱，膘情很差（见图1-28、图1-29）。

图1-28　膘情良好的羊群

图1-29　膘情较差的羊群

(5) 粪便观察　健康羊的粪便呈暗褐色球形，不会产生粘连或粘连少，尾根无附着物，粪便没有难闻的臭味。病羊的粪便往往过于干燥或稀薄，同时具有特殊臭味，有时会发现粪便有黏液或脓血，尾根结有粪块，后腿及肛门以下部位常见脏污（见图1-30）。

(6) 神态与反刍观察　健康羊精神状况良好，行动迅速而灵敏，对周围环境敏感，羊群休息时分布有序，反刍正常。病羊则精神沉郁，动作迟缓，两眼无神，喜欢躺卧，垂头，往往会毫无顾忌地随地躺卧，常卧在阴湿的角落不起，挤成一团，有时羊躯体会向特定部位弯曲，并伴有呼吸急促，即使受到惊吓也不逃跑。

图1-30 患痢疾的羔羊后躯被污染

健康羊在采食后休息期间的反刍和咀嚼持续有力，每分钟咀嚼次数为40～60次，反刍发生2～4次。病羊咀嚼和反刍次数少且表现无力，病情严重时则会停止。触诊瘤胃，用手按压羊左侧胁部，正常羊的瘤胃有弹性且发软，病羊瘤胃则发硬并且鼓胀。

总之，羊场日常观察技术主要介绍了6个方面，即休息观察、放牧观察、头部观察、皮毛观察、粪便观察及神态和反刍观察。学习此操作的目的就是能及时发现异常状态的羊只，以便尽可能减少损失，以利于羊场的健康发展。

2 羊发病的一般临床表现

伴随着集约化养殖的发展，羊只饲养密度逐渐提高，羊产品的流通更加频繁，这些都为疫病的发生提供了条件。一旦某种羊病流行，就会造成巨大的经济损失，影响养羊业的发展。因此，平时一定要掌握好羊发病后的一般临床表现，这是加强羊病防治，发展养羊业的重要措施和根本保证。

(1) 呼吸困难的一般临床表现

① 呼吸动作异常，呼吸急促（又称喘息），张口呼吸，严重者头颈伸展，张口伸舌呼吸。

② 呼吸方式改变，腹式呼吸明显。

③ 呼吸次数增加，甚至达 30 次 /min 以上（正常值为 12～30 次 /min）。

④ 咳嗽，有干咳或湿咳，长咳或短咳，强咳或弱咳等不同类型。

⑤ 鼻液增多，有浆液性、黏液性或黏脓性鼻液。

(2) 发热的一般临床表现

① 体温升高，超过正常体温 0.5～1℃为微热（低热），1～2℃为中热，2～3℃为高热，3℃以上为极高热。羊的正常体温为 38～39.5℃。

② 热型有稽留热（高热持续 3 d 以上，每日温差变动在 1℃以内）、弛张热（高热期内每天温差变动在 1～2℃，但不降到正常温度）、间歇热（发热期与无热期交替出现）。

③ 皮温不整，低热时皮温增高，高热时末梢皮肤发凉。

④ 相伴出现的症状有呼吸、心跳加快，精神、食欲不振，反刍减弱，饮欲增强。

(3) 腹泻的一般临床表现

① 排粪次数增多。

② 粪便性状异常，粪便稀薄，呈粥样或水样，粪便内混有黏膜、纤维素或血液。

③ 粪便颜色异常，呈灰白色、黄白色、黑色或鲜红色。

④ 粪便气味异常，有特殊的腐臭味或酸臭味。

⑤ 排粪动作异常，排粪失禁（不由自主排出粪便），或里急后重（屡呈排粪动作，仅排出少量粪便或黏液）。

(4) 繁殖障碍的一般临床表现

① 母羊不孕、不育。

② 母羊流产。

③ 产死胎、弱胎、木乃伊胎。

④ 公羊睾丸肿大，隐睾，精液异常。

(5) 神经性症状的一般临床表现

① 兴奋型。狂暴不安，眼神凶恶，摇头，嚎叫，前冲后蹲，横冲直撞，甚至攻击人畜，转圈或突然倒地，四肢划动。

② 沉郁型。精神沉郁，意识障碍，头低耳耷，闭眼似睡，反应迟钝，后肢无力，运动障碍，步态摇晃，共济失调，甚至麻痹。

(6) 运动障碍的一般临床表现

① 四肢关节肿胀，运动不灵活，运步困难。

② 跛行或不能行走。

③ 运动神经麻痹，躯体卧地不起。

(7) 皮肤黏膜病变的一般临床表现

① 皮肤肿胀、增厚、脓肿或破溃、结痂等。

② 黏膜出现水疱、破裂、溃疡、糜烂等。

(8) 急性死亡病例的一般临床表现

① 不见任何临床症状，突然死亡。

② 有极短的病程，一般在发病后数分钟或数小时内，还未出现特征性症状即死亡。

③ 病程较短，一般在发病 1 周内死亡。

多媒体学习

图 1-26～图 1-30 高清图见二维码 3 扫码。

3

羊舍建造形式及附属设施的使用

　　要想把羊养好，羊场及附属设施必不可少。羊场建设是实现羊高效养殖以及实行集约化养殖的重要环节。羊场建造应因地制宜，根据羊场的养殖规模、饲养方式、当地自然条件、气候特点、生态条件等，进行通盘考虑，尽量做到完善合理。同时，附属设施要齐全、实用、耐用。

操作（一）　羊舍建造形式及结构的确定

　　羊舍的建造形式和结构是影响养羊效益的重要因素。

　　羊舍的形式有多种。无论何种形式，都要因地制宜，根据实际条件建造。北方地区多修建成"一"字形羊舍，因为这种形式的羊舍比较经济实用，舍内采光充足、均匀，温湿度差异不大。另外还可以利用山坡地形修筑半地下式、土窑洞式、楼式或塑料暖棚圈舍等。屋顶用彩钢瓦，内衬泡沫板。墙体多用水泥空心砖，厚度较厚，保温效果较好。

　　羊的圈舍必须冬季防寒保温，夏季通风凉爽，无贼风，采光充足，顶棚保温性能好。最好是建造在地势高燥，周围较开阔平整，有适当缓坡排水，接近放牧地、接近水源的地方（见图2-1、图2-2）。

图2-1　羊舍及运动场

图 2-2 塑料薄膜保温羊舍

1 羊舍的基本要求

羊舍要防暑、防寒、防雨，要保证舍内空气新鲜、地面干爽。羊舍要有羊只出入圈舍的门。羊舍的高度一般不低于 2.5 m（见图 2-3）。

图 2-3 羊舍窗户及羊只出入圈舍的门

(1) 羊舍防热防寒及通风换气　每只羊在圈舍内应该占有足够多的面积，若羊舍过窄，则羊只拥挤，不仅舍内易潮湿，空气易混浊，对于羊的健康不利，而且饲养管理也不方便。对于封闭很好的羊舍，可以在羊舍纵轴的方向安装排风扇，尤其冬季塑料暖棚式的羊舍。冬季产羔舍舍温最低应保持在 8℃以上，一般羊舍在 0℃以上；夏季舍温以不超过 30℃为宜。

(2) 羊舍及运动场的面积　羊舍面积的大小，根据饲养羊的数量、生理阶段、品种、性别和饲养方式而定。羊舍面积过大，不但浪费土地和建筑材料，而且也不利于冬季的保温；面积过小，羊在舍内过于拥挤，环境质量差，且夏季舍内温度过高，有碍于羊只健康（见图 2-4）。

图 2-4　舍饲的羊群

羊的类型不同，发育的阶段不同，每只羊所占用的面积大小也有较大的差异，各类羊每只需要面积的大致情况见表 2-1。产羔室可按基础母羊数的 20%～25% 计算面积。运动场面积一般为羊舍面积的 2～2.5 倍。成年羊运动场面积可按 4 m²/只计算。

表2-1　各类型羊只需要的面积

羊的类型	面积/（m²/只）
春季产羔母羊	1.1～1.6
冬季产羔母羊	1.4～2.0
后备公羊	1.8～2.2
种公羊	4.0～6.0
1岁及成年母羊	0.7～0.8
3～4月龄羔羊	0.3～0.4
育肥羊	0.6～0.9

（3）羊舍高度和羊舍窗户设置　羊舍的高度一般为 2.5 m。窗户开在阳面，窗户的面积为羊舍面积的 1/15～1/10，窗台距离地面 1.5 m。羊舍地面应高出舍外地面 20～30 cm，铺成缓斜坡，以利于排水排尿。

2　羊舍的类型及要求

① 成年母羊舍多为对头双列式，中间有走廊（见图 2-5）。

图2-5　对头双列式羊舍

② 产羔舍在成年母羊舍的一侧，其大小依据产羔母羊数量和产羔集中程度而定。

③ 后备母羊舍、断奶后至初次妊娠的母羊舍，常采用单列式（见图 2-6）。

图 2-6　单列式羊舍

④ 羔羊舍饲养羔羊，要设立活动围栏。

⑤ 公羊舍饲养种公羊和后备公羊，要结实坚固，围栏要适当高一些，距离繁殖母羊舍要远一些。

以上这些圈舍及其围栏等的建造材料都应该就地取材，选用砖、木、土坯、空心砖或钢筋、铁管、彩钢瓦、保温泡沫等建成。

3　羊舍的地面

羊舍的地面又称为羊床，是羊躺卧休息、排泄和生产的地方。羊床地面的保暖与卫生状况非常重要。羊舍地面有实地面和漏缝地面两种类型。实地面又因建筑材料不同有砖、水泥地、泥土地面和木质地面等不同类型；漏缝地面能给羊提供干燥的卧地，羊粪尿可通过漏缝漏到下面，国内南方亚热带地区的规模化羊场多采用这种漏缝地面类型。

4 羊舍的墙体

墙在羊舍保温上起着非常重要的作用。我国多采用土墙、砖墙、石墙和水泥空心砖墙等。土墙造价低，保温好，但易潮湿，坚固性差，不容易消毒，小规模简易羊舍可采用；砖墙是最常用的一种，根据其厚度分为半砖墙、一砖墙、一砖半墙等，墙体越厚，保暖性能越好；石墙，坚固耐久，但导热性强，寒冷地区保温效果差。现在更多的是使用水泥空心砖，其造价低，且砌墙速度快。

5 羊舍的屋顶和天棚

羊舍的屋顶具有防雨水和保温隔热的作用。其材料有木板、塑料薄膜、彩钢瓦等。在寒冷地区羊舍内还可加天棚，其上可贮干草等，同时还能增强羊舍保温性能。

操作（二） 羊场附属设施及其使用

一个合格的羊场，各种设备、设施等必须齐全，符合建场的基本要求。除了各种类型的圈舍外，还必须有相应的附属设施。羊舍外的设施主要有运动场、护栏、草棚、青贮池、水井及仓库等；舍内的设备主要有补饲用具及隔栏等。

运动场通常建在羊舍的阳面，面积应为羊舍面积的2～2.5倍。运动场的地面应向外稍微倾斜，其围栏应就地取材，高度为1.3～1.5 m。饲槽可采用水泥制作，使用方便，容易清洗，结实耐用。其他材质有铁板、木板及橡胶输送带等。草料架可用木材、钢筋、铁皮制作。配置草料架，可以避免羊践踏饲草，减少饲草的损失和浪费，提高饲料的利用率。

1 草棚

草棚可以建成三面围墙的，向阳的一面敞口，并留有矮墙。棚内要通风、干燥、防潮（见图2-7）。草棚要远离居住区、远离火源、地势稍高、四周排水。在入冬前，要储备青干草、玉米秸秆、稻草、豆秸秆和红薯秧，以及各种秕壳和饼类等。舍饲羊一般每只储备的饲草数量是：改良羊180～200 kg，本地羊90～100 kg。

图2-7　草棚里的草捆和草包

2 料仓

料仓用于储存饲料、预混料和饲料添加剂等。仓内要通风、干燥、清洁，防鼠、防雀。发现受潮或霉变时，能进行晾晒。

3 青贮窖（池）

有条件的羊场要建造青贮窖或青贮池等，给羊准备充足的青贮料。青贮窖（池）要建造在羊舍附近，供制作和保存青贮料，保证取用方便（见图2-8）。

图2-8　大型地下式青贮池

4 饲喂设备

（1）饲槽　饲槽可以分为移动式、悬挂式、固定式、翻转式等多种类型，可根据实际情况自行选择。

① 移动式饲槽。一般为长方形，多用铁皮和钢筋制成，具有移动方便、存放灵活的特点（见图2-9）。

图2-9　双面可移动式饲槽

② 悬挂式饲槽。一般用于哺乳期羔羊的补饲，长方形，两端固定悬挂在羊舍补饲栏的上方。

③ 可翻转式带定位护栏的饲槽。这种饲槽的骨架可用 3 cm×3 cm 的镀锌方管制成。一只羊一个位置，不会出现打架抢食的现象。护栏的整体高度 1.1 m，一般多设几个护栏，再摆成一排，还可当围墙（围栏）使用。护栏的间隔，羊伸头的地方做到 26 cm，卡羊脖子的地方做到 12 cm，这样，大羊也可以使用，小羊也跑不出来，饮水、喂料、喂草一体化。槽口宽度 40 cm，深度 20 cm，槽口距离地面 35 cm。采用可翻转的整体设计，清理剩水、剩料特别方便。槽底用两层夹线 5 mm 厚的输送带橡胶材料，耐腐蚀、抗老化、耐酸碱，这样的材质比铁皮的寿命长很多，一般用二三十年也不会损坏。输送带的长度可以任意裁剪，想做多长就多长。槽底做成弧形，这样不但喂水、喂料方便，羊还不容易把草料拱出来，同时喂料不腐蚀、喂水不生锈，更加结实耐用。羊槽的整体采用螺丝固定，坚固结实（见图 2-10）。

图 2-10　可翻转式带定位护栏的羊槽

(2) 草料架　草料架可以用钢筋或木料制成，按照固定与否，可以分为固定于墙根儿的单面草料架和摆放在饲喂场地内的双面草料架。草料架形状有直角三角形、等腰三角形、梯形和长方形等不同形状（见图 2-11）。

图 2-11　双面草料架

草料架上面可以用来喂青草、秸秆，下面喂精料，也可以一边喂水一边喂料。每一侧的槽口宽度可做到 30 cm，深度可做到 15 cm。骨架可做成外八字形，这样放在地上更加牢靠稳固。整体采用螺丝固定，结实耐用，拆卸方便。草料架隔栏的间距为 9~10 cm，当其间距为 15~20 cm 时，羊的头部可以伸入隔栏内采食。有的草料架底部有用铁皮制成的料槽，可以撒入精饲料和畜牧盐（大粒盐）。

草料架总的要求是不使羊只采食时相互干扰，不使羊蹄踏入草料架内，不使架内草料落在羊身上而影响到羊毛质量。

（3）饮水设备　一般羊场可用水桶、水缸、水槽等，大型集约化羊场可用自动饮水器。如果羊场无自来水，应自打水井。为保持水质不受污染，水井或水池要建在距离羊舍 100 m 以外的地方，其外围 3～3.5 m 处有护栏或围墙。井口或池口要加盖儿。在其周边 30 m 范围内要无厕所、无渗水坑、无垃圾堆和废渣堆等。

（4）盐槽　盐槽是给羊啖盐用的，盐槽中放置盐砖、畜牧盐（大粒盐），供羊自由舔食。现在多直接采用盐砖，可悬挂在圈舍内供羊自由舔舐（见图 2-12）。

图 2-12　羊舍内悬挂的盐砖

（5）各种类型和用途的分羊栏　分羊栏是在分群、鉴定、防疫、驱虫、称重、打号等技术性生产活动中使用的，由许多栅板联结而成。羊群的入口处为喇叭形，中部为一小通道，可允许羊单行前进。沿通道一侧或两侧，可根据需要设置 3～4 个可以向两边开门的小圈，利用这一设备，就可以把大的羊群分成所需要的若干小群。

此外还有活动围栏，可供随时分隔羊群之用。在产羔时，也可以用活动围栏临时间隔为母子小圈、中圈等。通常有重叠围栏、折叠围栏和三角架围栏等几种类型（见图 2-13、图 2-14）。

图 2-13 羊分群的隔离栅栏和分羊栏

图 2-14 挡羊板（隔离）

（6）分娩栏 为了充分利用羊舍面积，可以安装活动分娩栏，以便在产羔期过后能及时卸掉。一般每百只成年母羊应设 10 个左右的分娩栏，每个面积为 3～4 m²。

5 清理设备

用于清理垃圾、污物、羊粪尿等。例如，三马车、小推车、扫帚、刮粪板等。

6 挤奶设备

如果养殖的是奶山羊，在进行手工挤奶时，必须有挤奶架和带盖的挤奶桶。机械挤奶时，可用能够移动的手推式挤奶器。应该有专用的挤奶间。

7 喂奶设备

人工哺乳时，可用奶瓶、小碗、小盆和奶壶等。大型羊场可安装带有多个乳头的可调温式自动哺乳器。

8 消毒池

消毒池一般设在羊场大门口或生产区入口处，便于车辆和人员通过时消毒。其面积和长度必须足够，要保证大车的轮胎在池内至少转动一周，否则就会影响消毒的效果。消毒池常用钢筋水泥浇筑而成，供车辆通行的消毒池大小一般为长 4 m、宽 3 m、深 0.1 m（见图 2-15），供人员通行的消毒池大小为长 2.5 m、宽 1.5 m、深 0.05 m。消毒池内的消毒液要经常更换，以维持药效。在我国北方地区，由于冬季天寒地冻，消毒池里的消毒液会因为结冰而失去消毒的作用，因此羊场都是在消毒池里撒生石灰来代替消毒液。

图 2-15　羊场门口的消毒池

9 人员消毒通道

为了防止疫病的传入，进入羊舍的人员出入圈舍要有专门的消毒间和消毒通道。人员往来在场门口一侧应设有紫外线消毒通道。人员出入消毒间时要经过紫外线灯照射消毒和消毒喷雾消毒（见图2-16）。

图2-16　人员消毒通道的喷雾消毒

视频学习

车辆通过消毒池、人员进场喷雾消毒、人员进场紫外线消毒详见视频4、视频5、视频6。

视频4　　　视频5　　　视频6

羊管理原则、注意事项及购买运输技术

任何一个羊场要想取得良好的经济效益，都必须掌握羊管理的基本方式方法，如管、选、配、育，都会涉及养殖、购入和卖出等，这就要求养殖户必须了解购买原则、品种类型、运输方法、购买的季节等方面的相关知识。

操作（一）　羊管理基本原则及注意事项

1 管理原则

科学养羊可以概括为"管、选、配、育、防"五字方针。这一原则是人们在长期的生产实践中不断探索总结出来的饲养管理、选种选配、哺幼、育肥、疫病防治等方面的宝贵经验。

（1）管　管即科学的管理方法。经济效益好的羊场，能够合理配合饲草、饲料，进行规范科学管理，加大技术含量。对于采用放牧、补饲相结合方式养羊的羊场，除了抓好青草期放牧以外，还可以采取其他措施，如大量种植苜蓿等优质牧草，进行青贮，强化羔羊和母羊的补饲。

采用灵活的放牧方式，如分群放牧，按照羊的年龄、性别和大小分群；根据羊的采食特点，采取分片轮回放牧的方法，即每日在出牧前先让羊在往日放牧过的地方吃草，待羊吃到半饱时，再到新鲜草地放牧，等看到羊不大肯吃时再放开手，采用"满天星"方式让羊吃饱为止。这种方法有利于放牧羊群的增膘和保胎育羔。

（2）选　选即优化羊群结构。通过存优去劣，逐年及时淘汰老羊以及生产性能差的羊只，多次选择，分类分段培育。坚持因时（时间）因市（市场情况）制宜、循序渐进的原则，使得羊群的结构不断优化，从而实现经济效益不断提升。虽然各养殖户饲养的品种不同、数量不同、发展方向不同、选择方法不同、选择的比例不同，但都要注重初生、断奶、周岁三个阶段，以及繁殖性能及后代生长速度等几个因素。母羊的留选率一般在35%～40%；公羊根据情况引入，一般不留种，可以是不同的养殖户之间互相调换种公羊。经过不断的选择，使得羊群的结构保持在青年羊（0.5～1.5岁）占15%～20%，壮年羊（1.5～4岁）占65%～75%，五岁羊占10%～20%的比例。母羊的比例应达到65%～70%，其中能繁殖的母羊占45%～50%。母羊的比例越大，产羔率越高，出栏率越高，经济效益就越好。

(3) 配　配即选配和配种方式，就是通过对母羊的配种个体进行合理选择，采用科学的配种方法，如人工授精等，实现以优配优，使适龄母羊全配满怀的目的。这样既可以充分有效地利用种公羊，又能人为控制产羔季节和配种频率。也可以采用同期发情控制技术，使母羊适时同期集中发情，在较短的时间内配种，受配率、受胎率得到提高，同时也提高了羔羊的质量。

(4) 育　育即对羊只的培育措施。在母羊妊娠后期和哺乳前期，给予合理的补饲，同时搞好饮水、补盐和棚舍卫生。补饲要根据牧草、季节、母羊的状况而异。饲料组成可以为玉米51%、麸皮8%、饼类23%、苜蓿草粉10%、骨粉3%、食盐2%、磷酸氢钙3%，补饲量一般每日每只0.5～0.7 kg，分早、晚2次补饲，并给以适量的优质牧草。

临产前要细心观察母羊的状况，晚上专人值班，随产随接。羔羊出生后，加强培育，尤其保证多胎羔羊的哺乳。羔羊出生后10～14 d开始补饲优质饲草和配合饲料。配合饲料的补饲量为：2周龄补50～70 g，1～2月龄100～150 g，2～3月龄200 g，3～4月龄250 g，4～6月龄300～500 g（见表3-1）。下面是一例配合饲料的配方组成：玉米40%，饼类25%，苜蓿草粉25%，麸皮8%，骨粉2%，食盐适量。

表 3-1　羊年龄与补饲量

序号	年龄	配合日粮补饲量/g
1	2周龄	50～70
2	1～2月龄	100～150
3	2～3月龄	200
4	3～4月龄	250
5	4～6月龄	300～500

(5) 防　防即预防疾病。除了进行常规的疫苗防疫注射以外，在剪毛或梳绒之后还要进行药浴，每年的春、秋两季都要驱虫，在寄生虫危害严重的季节或地区，驱虫的频率更要加大。同时在羊只活动场所及圈舍门口和消毒池内喷洒及放置消毒药液等进行消毒，对异常或发病的羊进行隔离治疗，料槽要勤清理，严防饲草饲料的腐败变质（见图 3-1），以降低发病率和死亡率。

图 3-1　料槽的及时清理

2　羊只管理的注意事项

(1) 羊的越冬管理　之所以要特别强调羊的越冬管理，是因为冬季天气寒冷，水凉草枯，而此时正值母羊妊娠、分娩，育成羊正经历第一个越冬期，如果饲养管理不善，羊的死亡率很高。

对此，好多养殖户在入冬前都要对羊群结构进行调整，对老弱病残的羊只要进行处理。为了能让羊安全越冬，归纳起来应该着重注意以下几个方面：

① 坚持放牧和补饲相结合的饲养方式。在放牧的同时，再给公羊、母羊、育成羊以相应的补饲，以便使羊只能够顺利度过寒冷的冬季。

② 备足饲草和饲料。冬季到来之前要储备饲草，制作青贮料，还要充分利用各种农副产品。山区养羊，除了依靠野外放牧，还必须进行补草、补料。在立秋前后，树木落叶之前，集中时间，打羊草、晒干草和收集秸秆。同时将花生秧、白薯秧、豆叶豆秸秆等也收储起来，作为越冬的饲草。尤其是青贮料对于羊的增重和提高羊产品质量等方面有更显著的效果。

③ 整顿羊群，适时补饲。对于个别增重不多、身体消瘦、身体有残疾、体质很差的羊，要及时进行处理，因为这样的羊通常很难度过冬、春季节。为了减少损失，在越冬前普遍做一次检查，对于一些难以越冬的老龄羊，生产力低下、连年不孕的母羊，以及发育不良的育成羊，应及早予以淘汰。对于保留下来准备越冬的羊只，应重新组群。根据不同情况，给予不同的放牧及补饲管理。补饲应本着粗饲料为主、精料为辅的原则，对于少数优秀高产羊只、妊娠母羊、哺乳母羊，补饲精料应适当多一些。

④ 修棚搭圈，防寒保温。羊虽是耐寒的家畜，但冬季过度寒冷或受贼风侵袭，必将消耗羊大量能量，影响其生长，更容易引起羔羊疾病，甚至死亡。因此，羊越冬要有保暖的圈舍，尤其还要有单独的作为冬季产羔和培育羔羊之用的圈舍。越冬前，必须对原有圈舍进行维修，彻底清除羊粪、消毒、垫土、垫草等。有条件的最好建保温棚。

(2) 饮水　饮水是每日必不可少的环节。如果是山区放牧羊群饮水，常常需要由山上下到沟底，这时需注意下坡要缓慢，要控制好羊群的速度，快到饮水地时，要把羊挡住，待喘息稍定再开始饮羊。在经常饮水的河边、泉水边、渠边或井旁铺些石子，以防水质被污染。冬季用井水饮羊要随打随饮，或者饮温水，禁止饮冰碴水。夏季把井水打上来要晒一晒再饮羊。

（3）喂盐 盐除了供给羊所需的钠和氯外，还能刺激食欲，增加饮水量，促进代谢，利于抓膘和保膘，有利于羊的生长发育。成年羊每日供盐大约 10～15 g，羔羊 5 g 左右。更简便的方法是悬挂盐砖或饲槽里放置盐砖，任羊自由舔食（见图3-2）。对于舍饲和补饲的羊，可将大粒盐拌在饲料里喂饲。但在山区，特别是夏季放牧，羊流动性大，喂盐不方便，可采用 5～10 d 喂1 次的方法，或当看到羊吃草的劲头不大时喂 1 次盐。

图3-2　羊舍内悬挂的盐砖

（4）数羊 谚语说"一天数一遍，丢了在眼前；三天数一遍，丢了寻不见"，这是经验总结。因此，羊要勤数，特别是山区放牧时更容易丢羊，这就要求我们至少在每天出牧前和归牧后都数一遍羊。

操作（二） 羊只购买和运输技术

养羊首先考虑购买什么样的羊，购买多少只羊，从啥地方购买，尤其考虑购买种羊。如果只是考虑购买优质羊只，那样前期投入的费用就太高了，一般养殖户可能承受不起。下面简要说明一下购买羊只需要注意的一些问题。

1 做好购羊前的准备工作

俗话说："工欲善其事，必先利其器。"养羊之前必须做好相应的准备工作。有的养羊户，因致富心切，没有经过充分准备和调研，匆忙决定，急于买羊，往往造成经济损失。正确的方法是先掌握好养羊技术，按照标准建造好羊舍，购买羊只之前备好充足的饲料。此外，买羊前还要做好圈舍及饲养环境的消毒。

再就是药物和医疗器械的准备。要准备清热解毒、抗菌消炎、驱虫消毒的药物，如安乃近、青霉素、强力消毒灵、土霉素等；准备常用的医疗器械，如注射器、听诊器、温度计等。

2 考虑好要购买的品种，注意羊的外貌特点

要想养好羊，一定要选好的品种，尤其是种公羊和种母羊。现在的养羊户大多是利用优质高产的种羊来改良当地低品种羊。这样可节省养殖成本，一次性投入较小。

所谓的优良品种都是相对的、有条件的，在甲地是优良品种，而到了乙地可能因不适应环境而成为劣种。这一点一定要引起养羊场（户）的注意。购买前应根据本地环境和资源，以及当地消费特点，购买和饲养适合本地自然条件的品种。羊引种前一定要了解原产地的自然环境特点，要求引入地与原产地在纬度、

海拔、气候、饲养管理条件等方面尽可能相似，只有这样才容易引种成功，羊的生产性能才能得到充分发挥。

如果一定要购买已育成、生产性能优良的品种，最好购买纯种羊，不可购买品质低劣的老羊，也不要购买经济杂交的品种，因为杂交羊不能作种用。

购羊时，所挑选的羊应身体健康，发育良好，四肢粗壮，四蹄匀称，行动灵活，眼大明亮，无眼屎，眼结膜呈粉红色，鼻孔大，呼吸均匀，呼出的气体无异味，鼻镜湿润，被毛光滑有光泽，身体结构紧凑，排尿正常，粪便光滑呈褐色且稍硬。母羊要选那些乳头排列整齐，体躯长，外表清秀，叫声优美，具有母性特征，符合本品种特征的；公羊要选睾丸发育良好，无隐睾和单睾，叫声洪亮，外表雄壮，具有雄性特征的。引入羊的年龄不能太小，以 1～2 岁最好。

3 确定购买季节和购买数量

（1）购买季节 冬季天寒地冻，水冷草枯，缺草少料，羊只经过一路颠簸，一方面要恢复体力、适应新环境，另一方面还要面对冬季恶劣的气候，容易生病，所以冬季不适合购羊。夏季高温多雨，相对湿度大，羊怕热又怕潮湿，运输过程中容易发生中暑，因此购羊也不宜选在夏季。

最合适的购羊季节是春季和秋季，这两个季节气候温暖，降水量相对较少，地面干燥，饲草丰富。也就是说，购羊前半年在 3～6 月份，后半年在 9～11 月份。但是，羊上市的季节一般在每年的 10 月份到第二年的 3 月份，因此春、秋季购买价格相对较高。

（2）购买数量 购买羊只数量的多少主要取决于资金，养羊户购羊最好是先引进 1～2 只优秀的种公羊，用种公羊来改良本地品种的品质，用母羊进行繁殖扩群，使得养羊数量从少到多，达到积累资金和饲养经验，减少风险的目的。对于资金较充裕、有一定饲养条件的养羊户，也可引进良种羊纯种繁殖，可以较快达到计划的羊群规模。例如，计划达到50～60只的饲养规模，可以购买20只能繁殖的母羊和1～2只公羊，第三年就可达到预计的规模，并可以有部分羊出栏。

4　就近购买

购买种羊如果舍近求远，不但增加了成本，而且增加了防疫风险，如果养殖过程中再出现死亡及疾病等不可预知的情况，想调换都非常困难了。如果能就近购买就很容易解决所出现的问题。

5　到有资质的羊场购买

一定要到有种羊养殖资质和信誉良好的羊场去购买，即使价格贵一点也是物有所值，对生产也有利。不要因贪图便宜而引进"假良种"。

6　慎重选羊

首先要牢记所要购买羊的品种外貌特征。再就是注意看牙口，根据门牙更换的情况可判断羊的年龄。不要选年龄太小和年龄太大的羊，因为太小的羊会增加养殖成本，而5岁以上的大羊繁殖力开始下降，不宜再作种用。可通过牙齿更换和磨损情况来判定羊的年龄，具体可见本书相关内容。

（1）母羊的选择

① 看膘情。要求膘情适度，不能过肥或过瘦，否则难以怀胎。

② 看乳房。要求乳头要大。产过羔的母羊乳房松弛，而未产过羔的母羊乳房较紧，如果成年母羊的乳房较紧，应考虑是否为难配种的母羊。

③ 看阴门。要求阴门长而湿润，小而圆者多为不孕羊。另外还要观察有无阴门或肛门闭锁现象。

（2）公羊的选择　要求公羊雄性特征明显，生人一般不易靠近。用手触摸其睾丸，看看有无弹性或疼痛感，有睾丸炎的应予剔除。

7　稳妥运羊

（1）运羊车辆消毒　运羊的车辆和用具，在运羊前 24 h 应该用高效的消毒剂对其进行 2 次以上的严格消毒，最好能空置一天后再装羊，在装羊之前用刺激性较小的消毒剂彻底消毒 1 次，并开具消毒证明。

（2）办好各种手续　手续包括购羊发票、产地检疫证明、种羊调运许可证等，以备途中检查。

（3）运输途中注意事项　要减少应激刺激和肢蹄损伤。要避免在途中死亡和感染疫病。运羊前 2 h 停喂饲料。上车时不能装得太急，防止损伤。运羊的车辆途中应避免紧急刹车，且不能与其他动物混装。冬季要注意保暖，夏季要注意防暑，途中还要注意供给饮水，每天要饮水 2 次以上。途中应注意观察羊群，如果出现呼吸急促、体温升高等异常情况，应及时采取措施，可注射抗生素和镇痛退热针剂，必要时可采用耳尖放血疗法。

（4）运输车辆的准备及要求　最好铺上垫料，垫料可以是稻草、谷壳等。装载的数量不要太多，装得密度太大会引起挤压甚至导致死亡。车厢要隔成若干个隔栏，安排 15～20 只 /m² 为一个隔栏，隔栏最好用光滑的铁管制成，避免刮伤羊只。达到性成熟的公羊应单独隔开。对于临床上表现特别兴奋的种羊，可以注射适量的氯丙嗪等镇静剂。

8　精心护理羊

当羊被运到目的地后，稍作休息就可卸车。卸车时应搭上跳板，也可逐只往下抬。长途运羊时，羊容易渴，下车后即可让其饮水，但应控制饮水量，不能暴饮。过半天后，若一切正常再由少到多逐渐给羊喂料。前三天要在料中拌入清瘟败毒散，可减少羊流感、口疮、眼结膜炎等病的发生。前 10 d 让羊吃八分饱，不可过食。15 d 后，给羊进行驱虫、药浴和预防注射。

羊只被引进后要精心观察羊日常的精神状态、吃料、饮水、反刍、排粪等情况，发现问题要及时处理。

9　严防疫病的传入

购买前要先到购买地调查了解当地疫病情况，严禁到疫区购买。羊只要严格检疫，并且"三证"（场地检疫证、运输检疫证、运载车辆消毒证）要齐全。运输羊只的车辆进入羊场前要对车辆进行严格消毒，购入的羊要隔离饲养 15 d，若未出现异常，方可混群。

视频学习

羊运输处理方案详见视频 7。

视频 7

青贮饲料的制作

青贮饲料是指将青绿多汁饲料切碎、铡短、填装、压实、密封在青贮窖或青贮塔以及塑料袋等装置内，经过乳酸菌发酵而制成的味道酸甜、柔软多汁、营养丰富、易于保存的一种饲料。青贮饲料在牧区可以做到更合理地利用牧地；在农区能做到合理地利用大量的青饲料和秸秆。

青贮饲料保留了植物绝大多数的营养物质，包括大部分蛋白质和维生素等，一年四季都能饲喂，从而使羊常年保持较高的营养和生产水平，所以有人把青贮饲料也叫作羊的"青草罐头"。

1 青贮的意义

青贮饲料是规模化羊场舍饲时的基础饲料，青贮是调制贮藏青饲料和秸秆等的有效方法。青贮既适用于大型牧场，也适用于中小型养殖场。青贮饲料主要优点如下：

（1）营养物质损失少　青贮饲料能有效地保留青绿植物的营养成分。一般情况下，青绿植物在晒干后，营养价值会降低30%～50%，但青贮以后只降低3%～10%。青贮能有效保存青绿植物中的蛋白质和维生素，基本保持了原青绿植物的营养特点。

（2）适口性好，消化率高　青贮饲料能保存原料青绿时的鲜嫩汁液。干草的含水量只有14%～17%，而青贮饲料含水量能达70%，柔软多汁、气味芳香，羊非常喜爱；再就是微生物发酵后还可产生少量的维生素。因此，青贮饲料对提高羊日粮中其他饲料的消化率具有良好作用。

（3）青贮饲料可以扩大饲料来源　羊不喜欢或不能采食的野草、野菜、树叶等，经过青贮发酵，可以变成其可口的饲料。青贮可以改变这些饲料的口味，并且可以软化秸秆，增加可食部分的比例。

（4）青贮法保存饲料经济且安全　青贮饲料比贮存干草需要的空间小。另外，我国北方地区，青饲料的供应受气候等环境因素影响，很难做到一年四季均衡供应，而青贮饲料只要贮存方法得当，就可以保存很长时间，年限可达 2～3 年甚至更长，且不会因风吹日晒、雨雪而变质，也不会发生火灾。

（5）青贮可以消灭害虫和杂草　很多危害农作物的害虫多寄生在收割后的秸秆上越冬，如果对秸秆进行青贮，因青贮窖（池）内缺乏氧气，并且酸度较高，就可以将许多害虫的幼虫或虫卵杀死。例如，玉米钻心虫经过青贮就会全部失去生活能力。许多杂草的种子，经过青贮也会失去发芽的能力。

2 青贮的原理

青贮原料上附着的微生物，可以分为有利于青贮的微生物和不利于青贮的微生物两大类。有利于青贮的微生物主要是乳酸菌，它的生长繁殖要求无氧、湿润、有一定数量的糖分；不利于青贮的微生物有腐败菌等多种，它们大部分是好氧和不耐酸的。

青贮是在缺氧的环境条件下，让乳酸菌大量繁殖，从而将饲料中的淀粉和可溶性糖变成乳酸；当乳酸积累到一定浓度后（pH下降到 3.8～4.2 时），便抑制包括腐败菌、丁酸菌、醋酸菌以及真菌等杂菌在内的微生物的活动及生长，特别是腐败菌在酸性条件下会很快死亡。这样原料养分不再继续分解或消耗，就可以把青贮料内的养分长时间地保存下来。

青贮成败的关键在于能否给乳酸菌创造出一个好的生存环

境，保证乳酸菌迅速增殖，形成有利于乳酸发酵的环境条件和阻止有害的腐败过程的发生和发展。

乳酸菌的大量繁殖，必须具备以下条件：

（1）青贮原料要有一定的含糖量　青贮原料糖的含量不得低于 1%～1.5%，最好在 3% 以上。含糖多的如玉米秸秆和禾本科青草等为适宜青贮的原料。另外，为了增加含糖量，还可通过添加糖蜜和其他富含可溶性糖的辅料共同青贮。

（2）原料的含水量要适度　青贮原料的含水量一般以60%～70% 为宜。调节原料含水量的方法：如果含水量高，可加入干草、秸秆等；如果含水量低，可以加入新鲜的嫩草。

测定原料含水量的方法有：

① 搓绞法。搓绞法就是在切碎之前，使原料适当凋萎晒蔫，直至植物的茎被搓绞而不至于折断，其柔软的叶子也不出现干燥迹象时，证明原料的含水量正合适。

② 手抓测定法。手抓测定法也叫挤压法，就是抓一把切短的原料紧紧攥在手中，用手用力挤压后再把手慢慢松开（自然松开），注意观察手中的原料团球状态，若手中的团球散开缓慢、慢慢膨胀，手中见水而不滴水（手心有水印），说明原料的含水量正合适，其含水量大致在 60%～70%。

（3）温度适宜　一般温度以 19～37℃为宜。

（4）缺氧环境　将原料切短、填紧、压实和密封，其目的是排出原料中的空气。羊的青贮料一般要切到 2～3 cm 长，这样容易填实压紧，排除青贮料中的空气，利于创造适宜的厌氧环境。

3　青贮设施的种类

青贮设施按照其形状分，可分为圆筒状的青贮窖和青贮塔，以及长方形的青贮壕等；按照在地平面上、下的位置分，又可以分地下式、半地下式和地上式三种。我国大多采用地下式青贮设施，即青贮壕（图4-1）或青贮窖等，要求建在地下水位低和土质坚实的地区，底部和四壁可以修建围墙，并且底部和内壁用水泥抹得平整、光滑，防止漏气和渗水，也可以再在底部和四壁裱衬一层结实的塑料薄膜。

图4-1　地下式大型青贮壕

国外也有用钢铁或其他不通气的材料（如大型塑料袋）等制成青贮设施，等装填完青贮料后，用气泵将窖内的空气抽光，然后覆盖密封，这样的效果更好。

总的来说，要求青贮设施不通气、不透水，墙壁要平直，要有一定的深度，能防冻。

4　青贮的原料

常用来制作青贮的原料有玉米茎叶、苜蓿、各种牧草、块茎类作物等。我国现在大多用玉米秸秆作原料。在自然状态下，生长期短的玉米秸秆更容易被羊只消化。同一株玉米，上部比下部营养价值高，叶片比茎秆的营养价值高。

青贮原料品种和收割时期对于青贮的质量影响很大。玉米秸秆的青贮，一般用乳熟期或蜡熟期的玉米秸秆。判定玉米乳熟期的方法是在玉米果穗的中部剥下几粒玉米粒，将其纵向剖开，或只是切下玉米粒的尖部，就可以找到靠近尖部的黑层。如果有黑层存在，那就说明玉米粒已经达到生理成熟期，是作青贮原料的适宜收割时期；禾本科牧草的收割选在抽穗期；豆科牧草选在开花初期，即花蕾期；甘薯藤应在霜前收割。

5　青贮饲料的制作过程

（1）建造青贮池（窖）的位置　依据生产要求和地势条件等，应选择在尽量靠近羊舍、地势高、排水便利、通风良好且方便取用的地方。

（2）收割及运输　青贮原料一旦收割，就应该马上运输到青贮存贮的地方进行切短。如果不能及时运输而放置时间过长就会导致原料水分蒸发，从而造成营养成分丢失。

（3）切短　羊的青贮原料一般切成 3～5 cm 长。原料含水量越低，切得就应该越短，反之则可以长一些。切短的目的是使原料在青贮过程中能够更好地发酵，同时也方便后续的装填和压实。切短的原料一定避免曝晒。

（4）装填与压实　一旦开始装填青贮原料，速度就一定要快，以避免原料在装填和密封之前腐败。一般要求在 2 d 之内完成。

原料应边切边贮，铺平压实，以确保作物紧密堆积在一起，实现贮制一次完成。青贮设施内应有人将装入的原料混匀耙平。原料要一层一层地铺平。为获得较高青贮质量，可将相应添加剂加入其中，其中尿素较为常用，加入量通常为青贮原料量的0.5%左右。每装高30 cm左右应压实一次，以便尽可能减小空隙，形成乏氧环境。原料的压实，小型青贮可以用人力踩踏，大型青贮可以用铲车或压路机等开进去进行压实，之后人员再到边角地方，对机械不能压实的地方进行人工踩踏、压实，防止存气和漏气。利用机械、车辆等碾压时，注意不要把泥土、油污、金属及石块等杂物带入窖内。

(5) 密封、覆盖与管护 青贮设施中的原料在装满压实之后，必须及时密封和覆盖，目的是隔绝空气，避免空气继续与原料接触，使得青贮设施内呈现厌氧状态。

当青贮原料铺满并超出窖口50～60 cm时，即可将青贮窖密封。密封的方法是：在青贮窖的顶部覆盖一层细软的青草，在青草上再覆盖一层塑料薄膜，然后在塑料薄膜上覆盖一层20～30 cm厚度的细土进行拍实处理，外观呈馒头状，顶部要高出地面0.5 m左右。覆盖后的青贮窖应定期检查，如果出现裂缝或下陷的地方，应及时补土覆盖好，同时在青贮窖周围挖掘排水沟，防止雨水、雪水渗入对青贮饲料质量产生影响。也有的在最表层用其他物品（如废轮胎等）进行压牢密封。

6 青贮饲料的品质鉴定

(1) 感官鉴定法 感官鉴定一般是根据青贮饲料颜色、气味、质地和结构等指标，用感官评定其品质好坏。

① 气味。通过嗅闻青贮饲料的气味，来评定青贮饲料的优劣。质量优良的青贮饲料，用手接触后，嗅闻手上会有极轻微的酸香味和芳香味，略带酒香味，这样的青贮饲料可以饲喂各种类型的羊。

② 颜色。品质良好的青贮饲料，非常接近于作物本来的颜色。高品质的青贮饲料呈现青绿色或黄绿色（说明青贮原料收割的时机非常恰当）；中等品质的青贮饲料呈现黄褐色或暗绿色（说明其中原料收割已经有些迟了）；品质低劣的青贮饲料多为暗色、褐色、墨绿色或黑色，说明青贮失败，可能是青贮的某个环节出现了问题，这样的青贮饲料就不能拿来喂羊了。

③ 结构。质量优良的青贮饲料压得非常紧密，但拿在手上又很松散，质地柔软，略带湿润，叶、小茎、花瓣等能保持原来的状态，茎、叶的纹理清晰。相反，如果青贮饲料粘成一团，好像是一摊污泥，或质地干硬，表示水分过多或过少，不是良质的青贮饲料了。发黏、腐败的青贮饲料是不适合饲喂任何类型的羊的。青贮饲料的感官鉴定见表4-1和图4-2。

表4-1   青贮饲料感官鉴定表

品质等级	颜色	气味	酸味	质地、结构、是否可用
优良	近似原料颜色，一般青绿色或黄绿色，有光泽	芳香酸味，给人以舒适感	浓	柔软湿润、松散，叶脉明显，结构完整。各种羊都可以饲喂
中等	黄褐色或暗绿色	芳香味淡，稍有酒精味或醋酸味	中等	基本保持茎、叶、花原状，柔软，水分稍多。羔羊和妊娠羊不能饲喂
低劣	褐色、黑色或暗墨绿色	有刺鼻腐臭味或霉味	淡	茎叶结构保持极差，无结构，黏滑或干燥，腐烂、污泥状。不能拿来喂羊

图 4-2　青贮饲料外观性状品质鉴定

（2）实验室鉴定法（pH 测定）　将待测样品切短，装入搪瓷杯中至 1/2 处，用蒸馏水或凉开水浸没青贮饲料，然后用玻璃棒不断地搅拌，使水和青贮饲料混合均匀，静置 15～20 min 后，将水浸物经滤纸过滤。吸取滤液 2 mL，移入白瓷比色盘内，用滴瓶加 2～3 滴混合指示剂，如溴酚蓝、溴甲酚绿、甲基红等，用玻璃棒搅拌，观察盘内浸出液的颜色，判断出近似 pH，借以评定青贮饲料的品质（见表 4-2）。

表 4-2　青贮饲料的 pH 测定判断

品质等级	颜色反应	近似pH
优良	红、乌红、紫红	3.8～4.4
中等	紫、紫蓝、深蓝	4.6～5.2
低劣	蓝绿、绿、黑	5.4～6.0

（3）青贮饲料腐败的鉴定　如果青贮饲料腐败变质，则其中含氮物分解后会形成游离氨。鉴定方法是：在试管中加入 2 mL

盐酸（相对密度为 1.19）、6 mL 乙醇（浓度 95%）和 2 mL 乙醚，将中部带有铁丝的软木塞塞入试管中。铁丝的末端弯成钩状，钩一块青贮饲料，铁丝的长度距离试液约 2 cm。如有氨存在时生成氯化铵，会在钩上的青贮饲料表面形成白雾。

7 青贮饲料的利用

羊能够很好、很有效地利用青贮饲料。饲喂青贮饲料的羔羊，可以生长发育得更好，成年羊肥育的速度和生长速度会大大加快。

(1) 饲用 青贮饲料一般在调制后 30～40 d 即可开窖饲用。一旦开窖，要防雨淋或冻害。取用时应由上到下逐层取用或从一端逐段取用，每天根据羊群的实际采食量多少取用，吃多少就取多少，不要一次性取得太多；切勿全面打开或掏洞取用，尽量减少与空气的接触，以防霉烂变质；取完之后要遮盖严实。结冰的青贮饲料应慎喂，防止引起羊只消化不良，甚至母羊流产；已发霉的青贮饲料则不能饲喂。

(2) 喂法 青贮饲料是优质多汁饲料，适口性好，但具有轻泻作用，应与干草、秸秆和精料搭配饲喂。刚开始饲喂青贮饲料时，需有一个短暂的过渡，喂量一般由少到多逐渐增加。妊娠后期的母羊不宜多喂，以免引起流产。

(3) 喂量 一般青贮饲料的喂量占干物质量的 50% 以下，同时需要混合一定比例的精饲料。饲喂青贮饲料要有一个适应过程，逐渐进行过渡，一般要经过 3～5 d 的时间，才全部过渡到饲喂青贮饲料。开始饲喂青贮饲料时应由少到多，逐渐增加；停止饲喂时则由多到少，逐渐减少。一般妊娠母羊后期减少饲喂量，产前 15 d 停止饲喂青贮饲料。羊的饲喂量：成年羊每天 3～5 kg；羔羊每天 300～600 g。

视频学习

青贮饲料制作过程详见视频 8。

视频 8

羊的人工授精技术

羊的繁殖方法有多种，传统的是自然交配（自由交配）繁殖技术，就是公羊与母羊自然交配。千百年来羊的繁殖都是采用这种方式，这也是最原始、最传统的繁殖方式。另外，还有人工辅助交配，也就是在自然交配困难的情况下，通过人工辅助进行交配。再有就是近年来随着科学技术的发展，出现的人工授精、同期发情等新技术。本书仅介绍人工授精技术的操作要点。

羊的人工授精就是借助器械用人为的方法采集公羊的精液，经过对精液品质的检查和对精液进行一系列处理，再通过器械将精液输入发情母羊的生殖道内，从而使母羊受胎怀孕的一种配种方法。

羊的人工授精技术是目前非常成熟且实用的繁殖技术，它可以提高优秀种公羊的利用率，比自由交配的可提高 10 倍左右，这可节约饲养大量种公羊的费用，还可以使低产母羊得到改良，后代的品质也会得到明显提高。

1　母羊的发情鉴定

要想顺利完成人工授精，就必须首先知道母羊啥时候发情、啥时候输精，也就是必须做好发情鉴定工作。常用的发情鉴定方法主要有以下几种：

(1) 行为及外阴部变化观察法　发情母羊会表现出兴奋不安，食欲不振，鸣叫，频繁排尿，偶有停止反刍行为，喜欢接近公羊，并强烈地摆动尾部。外阴及阴道充血、肿胀、松弛，有少量黏液排出，主动爬跨公羊或接受公羊的爬跨，当公羊爬跨时站立不动。

(2) 阴道检查法　检查人员提前修剪指甲，戴上医用橡胶手套。助手将母羊保定好，并将外阴部清洗干净，再用经过消毒的毛巾擦干。检查人员将阴道开膣器清洗后并擦干，表面再用浸有

75% 酒精的棉球进行擦拭，或使用酒精火焰进行消毒，最后涂抹经过灭菌的润滑剂。具体的操作过程如下：

① 操作员用左手分开母羊阴门，用右手合紧开膣器，将其呈略微向上的角度插入阴门，接着呈水平方向向前推进，进入阴道后再轻轻转动开膣器，使其缓慢打开，通过使用手电筒或者反光镜对阴道内部进行照射，对阴道黏膜以及子宫颈的变化进行观察。

② 如果发现阴道黏膜潮红、充血、湿润，有较多的黏稠分泌物存在于阴道内，子宫颈口充血、开张、松弛，则说明母羊出现发情；如果阴道黏膜干燥、苍白，子宫颈口完全闭锁，则说明母羊没有发情。

③ 检查结束后，先稍稍合拢开膣器，注意不能够完全合拢，并将开膣器从阴道内缓慢抽出。

④ 使用过的开膣器要立即用热碱水进行清洗，再用清水将其冲净，经过消毒后，可放在专用的盒内进行保存备用或者用于检查另一只母羊。

(3) 试情法　对于发情症状不太明显的母羊，最好的方法是用试情公羊进行试情，这样能及时发现发情的母羊。

试情公羊要选择那些发育正常、体质健壮、没有疾病且不作为种用的公羊，其年龄大约为 2～5 周岁。试情公羊在试情之前要绑好试情布。试情布可选取白布（长为 40 cm、宽为 35 cm），在布的四角系上带子，在公羊腹部下面系上，从而使其无法完成交配行为（见图 5-1）。试情法的具体操作要求如下：

试情通常在早晨进行，配种季节每次试情的时间长为 1～2 h，做到：每日试情要早，试情要彻底，安排组织要妥当，争取试情和抓膘两不误。有条件的地方，可将母羊分成小群，分批试情效果更好，也可采取小群试情、大群复试的办法。试情时检查人员要来回走动，将卧下和拥挤的母羊驱赶开，让试情公羊能和母羊普遍充分接近，以便能及时发现发情母羊。试情时要保持安静，不要大喊大叫，不要驱赶羊群，抓羊时要稳，母羊拥挤在一起时，要慢慢地赶开。

试情的方法是：将试情公羊放入母羊群中后，当试情公羊紧紧追随母羊，并去嗅闻母羊的阴部，或用蹄扒母羊的后躯，有的爬跨于母羊背上，而母羊此时站立不动，两后腿叉开排尿时，这样的母羊就是发情母羊。每次试情结束后，要清洗试情布，以防布面变硬，擦伤阴茎。

图 5-1　拭情公羊（腹下系戴拭情布）

2　发情母羊的处理

必须将判定为发情的母羊挑选出来，并做好标记，以便能及时进行配种。

3　种公羊的采精要求

采精是人工授精技术的首要环节。正确掌握采精技术，科学安排采精频率，是保证得到高质量精液的重要条件。羊一般使用采精器法采精。

（1）采精器械、材料　采精前要准备好以下采精器械、材料：羊用采精器、水浴锅、带恒温台显微镜、乳胶手套、剪毛剪、工作服、水盆、肥皂、烘干箱、消毒柜、烧杯、毛巾、台羊、玻璃棒、灭菌凡士林、75%酒精、0.1%高锰酸钾溶液、雄激素、雌激素、公羊生产记录表等。

(2) 种公羊的选择、准备及调教　选择种公羊时，除了查看系谱外，还需要重点注意体质结实、适应性强、发育良好、品种特征明显、生产性能高、繁殖力强等优良特性，种公羊年龄2~6岁。同时要选择国内外著名的品种及雄性特征明显的优秀个体作为种公羊。

种公羊在配种繁殖前应根据配种任务的轻重和采精频率等情况，进行合理补饲。补饲用的精料品种尽可能多样化，并于饲喂前进行适当的加工调制。在采精次数较多的情况下，如条件许可，每天酌情加喂鸡蛋1~3个，饲喂方法是将生鸡蛋拌入精料内与精料一起饲喂。

采精员要先到羊场与采精公羊相处一段时间才可以进行采精操作，一般是通过多次专门投料等方式接近采精公羊，让采精公羊熟悉采精员的声音、长相及穿着打扮，以便让其听从采精员的指令。同时进行感情培养，做到人羊亲和，而陌生人很难完成采精操作。

种公羊的调教可采取合圈诱导方法，也就是将不会爬跨的种公羊与若干发情母羊混群几日，进行性挑逗，激发其性欲或与母羊合圈饲养几天，诱导公羊爬跨。还有观摩学习法，就是在其他种公羊配种或进行采精时，让需要调教的公羊在一旁观看，促其模仿爬跨。再有按摩睾丸法，就是在调教期内，每天早、晚定时按摩种公羊睾丸10 min左右，或用湿布擦拭睾丸，以提高其性欲。还有感官刺激法，也就是取发情母羊阴道分泌物，涂抹在公羊鼻尖上，这样可以刺激公羊提高性欲。再就是对性欲差的公羊，每只羊按说明书注射雄激素，以促其提高性欲，连续应用3

次后即会爬跨母羊。

(3) 种公羊的排精　青年公羊的采精训练一般从 8 月龄开始，刚开始每周采精 1 次，周岁后正常采精。成年公羊在配种前45 d 开始，定人、定点、定时采精，第一周采精 1 次，第二周采精 2 次，逐渐接近正常采精次数。

4 种公羊的采精操作

(1) 采精频率　成年公羊隔日采精 1 次，每周 3 次；青年公羊每隔 3 日采精 1 次，每周 2 次。休闲期的种公羊每周采精 1 次。

(2) 采精时间　时间一般为早上进食前或进食后 1 h。盛夏中午不采，严冬凌晨不采。

(3) 采精前准备　种公羊进入采精室后，用 0.1% 高锰酸钾溶液清洗外生殖器及周围，阴毛过长时应剪短。操作人员剪短指甲，用肥皂洗手，冲洗干净后擦干，涂滑石粉，戴上乳胶手套，穿上工作服。

(4) 采精操作过程

① 采精前用温水清洗种公羊阴茎的包皮，并擦干净。

② 将台羊保定后，引导公羊到台羊处。

③ 采精人员蹲在台羊右侧后方，右手横握采精器，活塞向下，食指扣集精杯底，阴茎入口朝下，使采精器与地面呈35°～40°。

④ 当种公羊爬跨时，用左手轻托阴茎包皮，迅速将阴茎导入采精器中。采精时注意勿使采精器边缘或手碰到种公羊阴茎的龟头，也不能用采精器向阴茎上硬套。当种公羊阴茎插入采精器后，采精器要固定防止摇摆。

⑤ 当公羊耸身向前挺完成射精后，随着公羊自母羊身上跳下，采精员顺着公羊的动作将采精器随阴茎后移，当阴茎自然抽

出时，轻轻取下，立即将集精杯一端向下，竖立采精器，使全部精液流入集精杯内。

⑥ 打开活塞，放出空气，取下集精杯，盖好杯盖，写上公羊号，以备进行精液品质检查。

⑦ 做好公羊号、采精日期和精液量的记录（见表5-1）。

⑧ 送精液处理室对精液进行检查。

⑨ 集精杯取下后，立即将采精器夹层里的水放出，拆卸清洗，消毒备用。

采精训练是一项细致的工作，必须由采精熟练的人员进行操作。对采精环境条件必须严格把握，温度要控制在40～42℃。

表5-1 种公羊精液品质检查及利用记录表

品种_____ 公羊号_____ 应用单位_____ 应用日期_____

| 采精 | | 采精量/mL | 原精液 | | | | 稀释液种类 | 稀释精液 | 输精量/mL | 受配母羊只数 | 备注 |
时间	次数		密度	色泽	活力	气味					

5 精液的处理

精液的处理包括品质检查、精液稀释、运输和保存。羊精液品质检查是人工授精成功的重要保证之一。通过外部观察和显微镜检查等步骤，可以有效地评估精液品质，提高人工授精的成功率。一般情况下精液在稀释前、稀释后和输精前都要进行检查。精液稀释的目的是扩大精液容量和增加配种母羊的头数。在公羊每次射出的精液中，所含的精子数目甚多，但真正参与受精作用的只有少数精子，因此，将原精液进行适当的稀释，即可扩大精液容量，进而可以为更多的发情母羊配种，提高受胎率；精液通过适度的稀释，还可以延长精子的存活时间，有利于精液的保存和运输。

6 精液的品质检查

（1）外观检查

① 颜色。正常精液为浓厚的乳白色，肉眼观察呈乳白色云雾状。

② 气味。正常精液无味或略带腥味。

③ 精液量。公羊一次采精的精液量一般为 0.5～2.0 mL。

经外观检查，凡是带有腐败臭味，出现红色、褐色、绿色的精液均判为劣质精液，应弃掉不用，一般情况下就不再做显微镜检查了。

（2）显微镜检查 主要检查的项目有精液量、色泽、精子活力、精子密度等。方法是：取 1 滴原精液滴在载玻片上，再盖上盖玻片，使精液分散均匀，置于显微镜下观察精子的密度。密度大致分为密、中、稀三个等级。对精子的活力用肉眼也可粗略观察，方法是用玻璃输精器吸取刚刚采集的新鲜精液，在自然光下（切忌阳光直射）查看。凡是精液呈云雾状翻腾的表明精子的活力强。用显微镜检查时，温度应控制在 36～38℃。取 1 滴原精液滴在载玻片上，再滴上 1 滴生理盐水混合均匀，然后检查呈直线游动的精子的比例。显微镜检查也可用 5 级评分方法：

80%～100% 的精子呈直线游动，可记 5 分；

60%～80% 的精子呈直线游动，可记 4 分；

40%～60% 的精子呈直线游动，可记 3 分；

20%～40% 的精子呈直线游动，可记 2 分；

20% 以下的精子呈直线游动，可记 1 分。

进行人工授精前，要求精子的活力应达到 4 分以上。

7　精液的稀释

为了增加配种母羊的只数和有利于精液的保存，对于精子密度好的精液应稀释后再进行输精。

（1）稀释液的三个配方

配方一：生理盐水稀释液。生理盐水作为稀释液简单易行，稀释后的精液应在短时间内使用。这是目前生产实践中最为常用的稀释液。此方法的稀释倍数不宜太高，一般以原精液 2 倍以下为宜。

配方二：牛奶或羊奶稀释液。新鲜牛奶或羊奶用数层纱布过滤，煮沸 10～15 min，冷却至室温，除去奶皮。这种稀释液有增加营养的作用，可作 7 倍以下稀释。

配方三：葡萄糖卵黄稀释液。在 100 mL 蒸馏水中加葡萄糖 3 g，柠檬酸钠 1.4 g，溶解后过滤 3～4 次，蒸煮 30 min 后灭菌，降至室温，再加新鲜卵黄（不要混入蛋白）20 mL，再加青霉素 10 万单位振荡溶解。这种稀释液有增加营养的作用，也可作 7 倍以下稀释。

（2）稀释操作

① 稀释液要现配现用，用前先检查已消毒过的稀释液是否清洁透明，若有杂质或混浊变色则不能用。

② 稀释液的渗透压要与精液相等，pH 值保持微碱性或中性。

③ 根据鲜精的活力和密度决定稀释倍数，用稀释液稀释精

液时，一般以稀释 1～5 倍为宜，稀释后要求每毫升精液有效精子数 2 亿个以上，如精子活力不足，则不宜保存和稀释。

④ 按稀释倍数取适量稀释液与刚采来的新鲜原精液放入 30℃左右水浴锅（或同一水温铝锅）中 15～20 min。

⑤ 将稀释液沿瓶壁缓缓注入原精液中，再轻轻摇均匀。

⑥ 稀释后的精液，用洗净、消毒、烘干后的有色玻璃瓶分装，每瓶为一次输精的用量，标明公羊号、品种、采精日期、活力、稀释倍数等。

8 精液保存

精液稀释后，在 20℃条件下能存活 1～2 d。如果在此基础上继续缓慢降温到 0～5℃，精子最长可存活 7 d 左右，保持受精能力的时间大约为 2～3 d。

9 人工授精的准备

（1）母羊的准备　对发情母羊进行判定及健康检查后方能授精。给母羊授精前，应先对外阴部进行清洗，用 0.1% 新洁尔灭（苯扎溴铵）溶液或酒精棉球进行擦拭消毒，待干燥后再用生理盐水棉球擦拭。

（2）精液的准备　将精液置于 35℃的温水中升温，时长为 5～10 min，轻轻摇匀，经显微镜检查，达不到输精要求的不能用于配种。新鲜精液精子活力达 60%（0.6）以上；精液密度为每毫升所含精子数 2 亿个以上；精子畸形率小于 20%；冷冻精液精子活力达 0.3 以上方可用于输精。

（3）档案准备　准备母羊配种记录登记表，授精后要及时填写此表格（见表 5-2）。

表5-2 母羊配种记录登记表

品种_____ 年份_____ 操作员_____

序号	母羊号	发情时间	公羊号	输精时间			返情与妊娠	产羔日期		初生羔羊(公/母)			备注
				第一次	第二次	第三次		预产期	实产期	公/母数	初生重	耳号	

（4）**器材准备** 开膣器、输精枪、手电筒、羊输精保定架、镊子、橡胶手套、灭菌凡士林、羊精液、75%酒精、肥皂、0.1%新洁尔灭溶液、生理盐水、脱脂棉、毛巾、母羊配种记录登记表等。

（5）**输精时间和输精量** 羊人工授精采取母羊1次发情2次输精的方法，两次输精的时间间隔为8～12 h，即早晨发情，早、晚各输精1次；晚间发情，晚、早各输精1次。

原精液的输精量一般为0.05～0.1 mL，稀释后的精液输精量为0.1～0.2 mL。

10 人工输精的操作过程

目前，我国基本上都是采用开膣器法进行人工输精，这种方法适用于体格比较大的经产母羊。其方法是利用开膣器打开阴道，找到子宫颈，将精液注入子宫颈内。这种方法优点是对大羊来讲，输精部位准确，受胎率较高，缺点是对小羊来讲，输精员操作困难，小羊痛苦，影响受胎率。

(1) 人员和器材的准备　输精前，操作人员把手洗净，把消毒好的输精器械用少量稀释液冲洗2～3次，将精液吸入输精器，在开膣器上涂润滑剂或用生理盐水湿润。

(2) 输精母羊保定　在地面埋上两根木桩，相距1 m宽，绑上一根5～7 cm粗的圆木或钢管，距离地面的高度根据母羊的体高而定。将输精母羊的两后肢担在横杠上悬空，前肢着地，1次可使3～5只母羊同时担在横杠上，这样输精时比较方便，效率也高些。另一种较简单的方法是助手保定母羊，使母羊自然站立在地面，输精人员蹲在输精坑内。此外，还可两人抬起母羊后肢保定，或者一个助手用两腿夹住羊颈部，两手分别把羊后腿提起，提起高度以输精员能方便地找到子宫颈口为宜。有条件的地方，可将待配母羊送到输精室内的输精架上进行保定。

(3) 外阴清洗、消毒　母羊保定好后，用0.1%高锰酸钾溶液擦洗外阴部，进行消毒。

(4) 输精

① 输精员右手持输精器，左手持开膣器，先将涂有润滑剂的开膣器顺着阴门插入阴道。

② 开膣器插入阴道深部触及子宫颈后，稍向后拉，以使子宫颈处于正常位置，之后轻轻转动开膣器90°，打开开膣器，在不影响观察子宫颈的情况下开张度越小越好，否则易引起母羊努责，不仅不易找到子宫颈，而且不利于深部输精。

③ 借助光源，寻找子宫颈。子宫颈附近黏膜颜色较深，当阴道打开后，向颜色较深的方向寻找子宫颈口，可以顺利地找到。

④ 如果在打开开膣器后，发现母羊阴道内黏液过多或有排尿现象，应先让母羊排尿或设法使母羊阴道内的黏液排净，然后

再将开膣器插入阴道，细心寻找子宫颈。

⑤ 找到子宫颈后，将输精枪慢慢插入子宫颈内 0.5～1.0 cm 处，插入到位后应缩小开膣器开张度，并向外拉出 1/3，然后将精液缓缓注入。

⑥ 输精后先取出输精枪，再抽出开膣器。

⑦ 输精完毕后，让母羊保持该姿势片刻或拍母羊臀部一下，之后再将母羊赶走，防止精液倒流。母羊应保持 2～3 h 的安静状态，不要接近公羊或强行牵拉，因为输入的精子通过子宫到达输卵管受精部位需要一段时间。

遇到初配母羊，由于阴道狭窄，开膣器打不开，只能进行阴道深部输精，但应加大输精剂量 2～3 倍。

（5）输精后记录　母羊输精后做好详细记录，以便推算预产期。

11 返情情况观察

对于已经输配了的母羊，要注意观察在下一情期是否发情，如果第二情期不出现返情现象，就可视为该母羊已怀孕，这时要加强对怀孕母羊的管理，维持母羊健康，保证胎儿正常发育，防止胚胎早期死亡或流产。如果发现返情母羊，应及时分析原因进行补配或做其他处理。羊的孕期为 150 d 左右，要做好追踪调查，保证母羊和胎儿的健康。

视频学习

羊的人工输精操作技术详见视频 9。

视频 9

羊的日常管理技术

要想把羊养好，日常管理离不了。日常管理的内容很多，涉及的有十几项，如药浴、驱虫、断尾、去势、编号、修蹄、去角、剪毛、梳绒、体尺测量等。这些内容的技术性都非常强，是羊场技术人员、兽医、养殖工等必须重点掌握的。下面选其中几项重要的进行讲述。

操作（一）　羊药浴技术

为了防治羊体表常见的寄生虫，如蜱、螨、虱子、跳蚤等，保证羊只的健康生长，需要定期对羊进行体外驱虫，即药浴，也就是对羊的体表进行洗浴。药浴一般每年至少要进行 2 次，体外寄生虫病发生比较严重的地区，可能每半个月就要进行一次药浴。

羊药浴的方法有好多种，包括池浴（浸浴）法、喷浴法和盆浴法等。其中，池浴就是修造药浴池，让羊只通过药浴池来达到药浴的目的；喷浴也叫淋浴，是用喷雾器等将配好的药液直接喷到羊只的体表，喷透即可；盆浴是在大盆、大锅、大缸中对羊进行药浴，比较适合于农区羊只数量不多的农户，但是盆浴需要人工捕捉逐只进行洗浴，比较麻烦费事。各个羊场可根据自己的实际情况选择合适的方法。本书以池浴为例讲述药浴的操作过程。

1 药浴的时机

我国各地药浴的时间并不一致，北方地区一般在春季天气逐渐转暖的时候进行。时间是在剪毛、梳绒之后的 10～15 d，再对全群羊进行一次药浴。也有的连续进行两次，即在第一次药浴后，再过 7～14 d 重复药浴一次。在体外寄生虫病发生比较严重的地区，一般每 15 d 就要进行一次药浴。药浴要选择在温暖晴朗无风的上午进行，以防羊只受凉感冒。药浴前要停止放牧半天，并充足饮水。

2 药液的要求

药浴的药液有多种，不管是哪一种都要事先按照说明书准确配制好。常用的药液有杀虫脒、敌百虫、速灭菊酯、溴氰菊酯、辛硫磷乳油、双甲脒乳油等。

3 药浴池的建造及规格

药浴池要建造在不对人、畜、水源、环境造成污染的地点。池子一般为长方形水沟状，用水泥、砖、石等材料筑成。池深约 1 m，长约 10 m（根据羊只数量的多少而定），底部宽 30～60 cm，上部宽 60～100 cm，以一只羊能通过但不能转身为度。药浴池入口一端呈陡坡状，以便羊只能迅速入池；在出口端要筑成台阶式缓坡，以便于羊只走出浴池。在入口端设有围栏，以便集合羊群在围栏里等候入浴池。出口端设有滴流台，以便浴后羊身上多余药液流回池内。滴流台用水泥浇筑地面，滴流台大小可根据羊只数量确定。在药浴池旁边安装炉灶，以便烧水配药液（见图 6-1）。

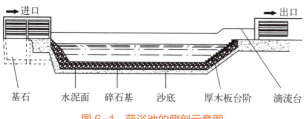

图 6-1　药浴池的侧剖示意图

4 适合药浴的羊类型

除两个月内羔羊、病羊和有外伤的羊外，其余羊只一律进行药浴。牧羊犬也同样要一起药浴。

5 药浴前的准备

（1）人员的准备 药浴前搞好技术人员的培训，熟练掌握药浴技术，注意操作动作的规范性。同时做好药浴人员自身的防护。

（2）药浴羊只的准备 注意药浴羊只的分群、饮水、饲喂，以及气候条件等方面的要求。

（3）药浴池的准备和药液的配制 先对药浴池进行检查，看看有无漏水、裂缝等。准备高效低毒的药品，如杀虫脒、敌百虫、溴氰菊酯等，并按照说明书配制好药液的浓度。

（4）器械材料的准备 药浴前需要准备好药浴池、围栏、顶端带杈的木棍、喷雾器、水桶、量杯、乳胶手套、口罩、防护服、胶靴、烧水的锅炉等。

6 药浴操作过程

下面以药浴池药浴为例来讲述药浴操作过程。

（1）准备热水 药浴前先用大功率的锅炉烧水，将水加热到 $60\sim70℃$。

（2）配制药浴的药液 将药液按照说明书要求的药量倒入药浴池中，配成要求的浓度。药浴时药液的温度控制在 $20\sim30℃$。配制药浴的药液时应注意以下几个问题：

① 药量、水量和药与水的比例应准确。

② 配制药浴药液的容器必须干净。

③ 注意检查药浴药品的有效浓度。

④ 配制好的药浴药液不能久放。

（3）药浴操作　药浴人员戴口罩和乳胶手套，穿好防护服。入口处由专人将羊逐只由围栏驱赶入药浴池。另外，还要有专人站在药浴池的两侧，用带有权子的木棍控制羊，勿使其漂浮或沉没。当羊行至池中央时，要用带权木棍压下羊的头部。如果羊的背部、头部没有浸透，要将其压入水中浸湿，可浸入药液内 1～2 次，以使头部、背部也能药浴。一般每只羊要浸浴 2～3 min，将羊的身体浸于药液中浸透即可。

（4）出浴后操作　羊药浴后，要在出口的滴流台处停留 5～10 min，让羊身上的药液充分流回到药浴池中，以免浪费药液。药浴后，如遇风雨，应立即赶羊入圈以保证安全。整个药浴池药浴的操作过程总结如表 6-1 所示。

表 6-1　羊药浴的操作过程

序号	步骤	任务要求
1	制订药浴计划	羊场技术人员在药浴前要做好计划，包括羊只的数量、药浴的时间、药物品种选择、药品的数量等
2	准备药浴所需材料	按药浴计划准备药浴所需的人员、药品、器材、用具等
3	药浴前准备	确定药浴羊群，了解其发病率、营养水平、症状、生产性能、外寄生虫感染等情况；检查药浴池及药浴液
4	选药和配药	药浴药液的选择；药液配制
5	药浴	池浴时 1～3 人负责将羊由围栏驱赶到药浴池入口。1 人负责推引羊只入池，2 人分别站在药浴池的一侧，手持压扶杆或带有木权的木棍负责池边看护，遇有背部、头部没有浴透的羊，应将其压入水中浸湿；遇有拥挤互压现象时，要及时分开，以防药水呛入羊肺或羊被淹死；羊只入池 2～3 min 后即可出池；出池后的羊只在滴流台停留 5～10 min 后放出。1～2 人将药浴后的羊群驱赶至宽敞的棚舍内，不要马上就进行放牧，同时注意观察，看看有没有中毒的羊只

7 药浴注意事项

(1) 时机准确   剪毛后 10～15 d，应及时组织药浴。药浴前要检查羊身上有无伤口，有伤口的不能药浴，以免药液由伤口处进入身体，引起中毒。

(2) 注意安全   为保证药浴的安全有效，防止中毒，应在大批入浴前，先用几只羊（最好是体质较弱的羊）进行药浴观察试验，只有确认安全后，再按照计划组织大群羊入池药浴。对于体质很差的羊，要帮助它通过药浴池。遇到拥挤、相互挤压的，要及时分开，以免药液呛入羊肺或羊被淹死。

羊在药浴前 2 h 应令其充分饮水，药浴前 8 h 停喂停牧，浴后避免阳光直射，圈舍保持良好的通风。药浴结束后，要妥善处理残液，防止发生人畜中毒事故。

(3) 药浴要充分   不论何种方式的药浴，都应让羊多药浴一会儿，使药液充分浸透全身。同时力求全部的羊都参加药浴。池内的药液不能过浅，以能使羊体刚刚漂浮起来为好。要保持药浴池的清洁，及时清除污物，适时换水。每浴完一群，应根据减少的药液量进行补充，以保持药量和浓度。

(4) 浴后的要求   羊出池后，要停留在凉棚或宽敞的棚舍内，过 6～8 h 后，等毛阴干无中毒现象时方可喂草料或放牧。药浴后要注意观察羊只的精神状态，发现不慎饮入药液中毒的要及时抢救。药浴后，如遇阴雨天气，应将羊群及时赶到附近羊舍内躲避，以防感冒。

(5) 科学用药   选择药品要遵循"高效、低毒、广谱、价廉、方便"的原则。选药要正确，用药要科学，剂量要准确。当一种药使用无效或长期使用后要考虑更换新的药品，以免产生耐药性。

(6) 药浴人员注意事项   参加药浴的人员，一定要认真执行操作规程，同时注意自身的安全，防止药液溅入眼内或口腔内。药浴过程中要耐心细致，全程佩戴乳胶手套。对于药浴的操作程序一定要进行一定的训练，禁止未经培训的人员直接参与。同时，整个药浴过程需要仔细、小心、耐心，不能简单粗暴，防止造成事故。羊在药浴池内的速度要稳定，不要急于完成或行动过慢，以确保药浴的确实性和羊只的安全。

视频学习

羊药浴（水槽、水盆药浴）、羊药浴过程及注意事项、羊夏季药浴技术详见视频10~视频12。

视频 10　　　　视频 11　　　　视频 12

操作（二）　驱虫技术

　　寄生虫病也是羊的多发病之一，尤其是体内寄生虫病。不仅各种体内寄生虫的虫体消耗羊的营养，影响羊的正常采食，阻碍蛋白质的代谢，影响钙、磷的吸收，降低饲料的利用率，使羊的生产性能降低，而且寄生虫的代谢产物还会引起羊腹泻或便秘。有些寄生虫成虫寄生过多，可引起肠道等器官的阻塞或破裂，造成死亡。因此，对于寄生虫感染严重的羊群，必须进行驱虫。

　　羊的体内驱虫，一般选择在早春2~3月和秋末9~10月进行，而羔羊最好在每年的8~10月份进行。事实上，冬季也是一个很好的驱虫时机，因为冬季驱虫后，随粪便排出的幼虫和虫卵不能发育和越冬，对牧地和圈舍的影响会大大减少，从而可以预防和减少其他羊只感染。

1 驱虫前的准备

体内驱虫前，需要准备好以下用品，包括驱虫药品、塑料饮料瓶、天平、台秤、烧杯、试管、试管架、体温计、脸盆、毛巾、搪瓷盘、出诊箱、注射器、工作服、口罩、手套、登记表或卡片等。

2 驱虫技术操作

(1) 驱虫药物的选择及配制　药物选择总的原则是广谱、高效、低毒、方便和廉价。常用的驱虫药有四咪唑、左旋咪唑、驱虫净（阿苯达唑伊维菌素粉）、丙硫咪唑、敌百虫（有机磷杀虫剂）、螨净（辛硫磷浇泼溶液）、阿维菌素、虫克星（阿苯达唑伊维菌素粉）等。广谱是指对多种寄生虫都有效；高效指对寄生虫的成虫和幼虫都有高度驱除效果；低毒指治疗量不具有急性中毒、慢性中毒、致畸形和致突变作用；方便指给药方法简便，适于大群驱虫给药（如气雾、饲喂、饮水等）；廉价指与其他同类药物相比价格低廉。但最主要的还是依据当地常见的主要寄生虫病选择高效驱虫药。

多数驱虫药不溶于水，需配成混悬液给药，其方法是先把淀粉、面粉或细玉米面加入少量水中，搅匀后再加入药粉，继续搅匀，最后加足量水即成混悬液。使用时边用边搅拌，以防上清下稠，影响驱虫的效果，并保证安全。

(2) 确定给药的方法　要根据所选药物的要求，选定相应的投药方法，具体投药技术与临床常用给药法相同。如用喂饲法给药时，先按群体体重计算好总药量，将总量驱虫药混于少量半湿料中，然后均匀地与日粮混合，撒于饲槽中饲喂。不论哪种给药方法，均要预先测量动物体重，较为准确地计算药量。

（3）驱虫的操作过程

① 先做小群试验。也就是先在小范围的群体内进行驱虫试验。一般分实验组和对照组，每组4～5只羊。在确定药物安全可靠和驱虫效果确实后，再进行大群、大面积驱虫。

② 停喂草料12～18 h。但不能断水，不但不能断水，而且饮水一定要充足。

③ 如果是注射给药驱虫，助手把羊保定确实后，则由负责注射的人员将配好的注射液用注射器对羊进行注射（见图6-2）；如果是口服给药，也按照说明书的剂量对羊进行口服。

图6-2 驱虫注射

例如，驱除肠道线虫可选用盐酸左旋咪唑，口服量为每千克体重8～10 mg，肌内注射量为每千克体重7.5 mg；防治绦虫一般多选氯硝柳胺（灭绦灵），口服量为每千克体重50～70 mg，投药前应停饲5～8 h。

近年来，多选用丙硫咪唑，它广谱、低毒、高效，对线虫、吸虫和绦虫都有较好的驱除效果。

（4）驱虫的注意事项

① 驱虫前应注意选择驱虫药、拟定剂量、剂型、给药的方法，同时对药品的制造单位、批号等进行记录。

② 在进行大群驱虫之前，应先用小群做试验，观察药物效果及安全性。

③ 驱虫前，先将驱虫羊只的编号、健康状况、年龄、性别等逐头登记。为使驱虫药用量准确，要预先称重或用体重估测法计算体重。

④ 给药前1～2 d要观察羊群的健康状况，驱虫给药后3～5 h，也要细心观察羊群，注意给药后的变化，如果发现中毒应立即急救。

⑤ 羊群驱虫前一般要禁食12～18 h，禁食的时间不能过长。禁食前要充足饮水，饮水的目的是防止羊因口渴而误饮药液。

⑥ 驱虫后要进行驱虫效果评定，必要时要进行第二次驱虫。

⑦ 驱虫药要经常更新换代或交替使用，防止虫体产生耐药性，从而影响驱虫效果。

⑧ 每次驱虫应在1 d内对一群羊只投药完毕，投药后3 d内要将圈舍的粪便堆积发酵，并用20%石灰水把圈舍的墙壁、地面和运动场消毒1次，放牧3 d后立即转移放牧区，半个月之后才可重新返回该牧地放牧。

总之，选择驱虫药时一定要注意其耐药性。不能长期单一使用某种驱虫药，这会导致驱虫效果大大降低。为防止出现耐药性，可以采用减少用药次数、合理用药、交叉用药等方法。当对某种药物产生耐药性后，必须及时更换药物。

同时，寄生虫种类不同，其生活史和流行特点也不同，因此用药也有很大的差异。绵羊常发的寄生虫病、发病季节及常用驱虫药见表6-2。

表6-2　绵羊常发的寄生虫病、发病季节及常用驱虫药

序号	寄生虫病	发病季节	常用药物
1	羊螨	冬末春初	伊维菌素
2	羊虱、跳蚤病	常年发生	溴氰菊酯、敌百虫、伊维菌素、阿维菌素
3	蜱病	春季、夏季	克虫星（阿苯达唑伊维菌素粉）
4	羊鼻蝇	夏季、秋季	伊维菌素、阿维菌素
5	伤口蛆病	夏季	百合油
6	脑包虫病（脑棘球蚴病）	任何季节	伊维菌素、阿维菌素、吡喹酮
7	棘球蚴病	任何季节	吡喹酮
8	绦虫病	夏季、秋季	氯硝柳胺、丙硫苯咪唑、阿苯达唑、别丁（硫双二氯酚）

注：丙硫苯咪唑对线虫的幼虫、成虫和吸虫、绦虫都有效果，但对疥螨等体外寄生虫无效。有报道称，丙硫苯咪唑对胚胎有致畸作用，所以对于妊娠母羊要慎重使用，一般都是在母羊配种前先驱虫。

操作（三）　羊编号技术

羊的编号在育种和生产等方面都有着十分重要的意义。编号有利于识别血统，掌握羊的生长发育状况、生产性能、改良育种的进展情况等，同时便于管理和个体识别及个体记录，尤其是大型羊场编号就更为重要。

1　编号前的准备

技术人员做好岗前培训，掌握编号的技术要领。同时准备相应的材料器具，如耳标、耳钉、耳标钳、墨汁、碘酒、棉球、纱布、镊子、剪子、口罩、胶手套等。

2 编号操作过程

羊的编号有耳标法、剪耳法、墨刺法等。目前主要采取耳标法。下面对几种编号方法分别进行简要介绍。

（1）耳标法　耳标在使用前需要按照羊场的统一规定进行编号，记录内容包括羊的品种符号、出生年份及个体号等信息。耳标的材质有铝片和塑料等。耳标形状有长方形和圆形等。但不管哪种都要固定在羊的耳朵上。耳标有红、黄、蓝等不同颜色，可以用来代表羊的不同等级。

耳标的符号一般以父本和母本品种的汉语拼音第一个大写字母或第一个汉字代表，如新疆细毛羊，取"X"或"新"作为品种标记。出生年份取公历年的最后一位数，如"2023"取数字"3"，放在个体号前。个体号要根据羊场规模的大小，取三位数或四位数，公羊用奇数表示，母羊用偶数表示。如果是双羔或三羔，可在编号后加"—"，并标出 1、2 或 3。

① 准备工作。先准备好耳标、耳标钳等（见图 6-3）。把需要戴耳标的羊只圈在一起。相关的技术人员必须戴上口罩、手套，穿好工作服等，注意自身的防护。

图 6-3　耳标和耳标钳

② 操作过程：

第一步，将羊的编号烫印或刻在塑料片或铝片的耳标上，或书写在耳标上。

第二步，在羊的左耳或右耳基部用碘伏或酒精消毒，耳标钳也同时消毒。

第三步，把标有耳标号的半面耳标放在上面，目的是便于查看。同样是"男左女右"（公羊的戴在左耳，母羊的戴在右耳)，用打孔钳在耳朵中间偏上一点无血管处打孔。

第四步，用耳钉将打好号码的耳标固定在羊耳上。

③ 注意事项：

第一，戴耳标最好避开蚊蝇滋生的季节，以防蚊蝇叮咬而感染。

第二，编号的号码、字迹要清晰工整，并能够长久保存。

第三，戴耳标也遵循"男左女右"的俗规，公羊的戴在左耳，母羊的戴在右耳。

第四，如果打孔时不慎伤到较大的血管，出血较多时，要立刻用压迫止血法止血，之后进行适当的包扎。

第五，如果耳标丢失或脱落要及时补标，以利于资料记载和统计育种及生产管理。

第六，耳标的位置和方向要方便查看。

（2）剪耳法　剪耳法多用于羊等级标记。此法虽然简便易行，但不适合养羊数量多的羊场，因耳上要剪很多的缺口，缺口多了容易认错，不便于观察。此法对于纯种羊都是以右耳作为标记，杂种羊则以左耳作为标记。

具体规定如下：特级羊在耳尖剪一个缺口；一级羊在耳下缘剪一个缺口；二级羊在耳下缘剪两个缺口；三级羊在耳上缘剪一个缺口；四级羊在耳上、下缘各剪一个缺口。

（3）墨刺法　墨刺法的具体操作步骤如下：

第一步，先将墨刺钳的字钉排列成拟编的羊号。

第二步，在羊耳的内侧用碘酒消毒。

第三步，用蘸墨汁的墨刺钳在耳内侧毛少的部位刺字。

这种方法简便经济，且无掉（丢）号风险。但是，随着羊耳的长大，字迹往往变得模糊不清，甚至无法辨认。因此，在刺字以后，经过一段时间应进行检查，如果不清楚，一定要重刺。

总之，无论用哪种方法编号之后，都要注意检查效果如何，同时注意观察羊行为有无变化，特别是是否有明显的应激反应。编号后，要及时准确记录编号的时间、方法、操作人员。

视频学习

新生羊打耳标技术详见视频 13。

视频 13

操作（四）　羊去势技术

去势也叫阉割，还叫劁骟，是羊生产中的一项重要工作。去势后的羊称为羯羊。对于不适合留作种用的小公羊或留种后不能正常配种的公羊均应进行去势。

去势的目的是防止杂交乱配，提升羊群的品质，提高羊群的生产性能。因为去势后的公羊性情会变得温驯，使得管理更加方便，节省人力和饲料，生长速度加快，更容易育肥，且肉的膻味儿变小，肉质变得细嫩，能提高养羊的经济效益。

去势一般在羔羊出生后 10 日龄左右，如果去势过早，因羔羊的睾丸太小，去势困难；如果去势过晚，可能流血过多，甚至发生偷配现象。也有的羊场在羔羊1～2月龄时进行去势。

去势的季节最好在气候凉爽、天气晴朗的春季或秋季。若天气寒冷或羔羊身体虚弱，则去势的时间可以适当推迟。去势往往结合断尾（绵羊）同时进行。淘汰的成年羊可随时进行去势。

1 去势前的准备

去势手术要求由有经验的兽医工作者进行操作，术前要做好计划。术者和助手都要穿好工作服、戴手套、口罩等。

术前要准备相应的器械及药品，器械要经过严格消毒，如去势钳、桃形刀（或手术刀）、碘伏、酒精、棉球、镊子、消炎粉或青霉素粉、破伤风抗毒素、消睾注射液、剪毛剪、细绳或橡皮筋、胶皮圈（牛筋圈）等。

2 去势操作

去势方法有多种，如结扎法、刀切法、去势钳去势法和药物去势法等。下面分别进行简要介绍：

（1）结扎法　结扎法适用于7～10日龄的公羔。

① 结扎法操作步骤

第一步，准备好去势的工具，如去势钳、橡胶圈（牛筋圈）或橡皮套等。术者和助手穿戴整齐、戴口罩、手套。

第二步，助手对羊只进行适当的保定。

第三步，术者用手将睾丸挤到阴囊的底部，并拉长阴囊，用大号的去势钳（或止血钳）夹住阴囊的颈部，然后在去势钳前端，用橡皮筋或细绳等紧紧地结扎阴囊基部（上部），要扎紧系牢，打结固定，然后取下去势钳。

这样处理后，羊阴囊和睾丸的血液循环受阻，阻断血液流向阴囊和睾丸。经过 10～15 d 后，结扎以下的部位会自行干枯、脱落。

② 结扎法注意事项

第一，被结扎的羔羊最初几天会疼痛不安，几天后便可安定。

第二，这种去势方法无伤口，不出血，简单易行，还可以防止感染破伤风。

第三，此法对羔羊的刺激时间较长，对羊的生长较为不利。同时在结扎后应注意检查结扎部位是否牢固，防止橡皮筋断掉或绳子脱落造成结扎效果不好或结扎部位发炎、感染或结扎去势失败等。

现在对羊的去势，还有用专业的钳子（去势钳）和牛筋圈（胶皮圈）进行结扎的（见图6-4、图6-5）。这套工具还可以用于断尾。结扎可分为如下六个操作步骤：

图6-4　结扎法去势的去势钳　　　　图6-5　牛筋圈（俗称"橡皮圈"）

第一步，把阴囊上的羊毛剪干净（尤其是结扎部位）。

第二步，准备好结扎的工具（撑开牛筋圈的去势钳和牛筋圈）。

第三步，把牛筋圈套在去势钳头部的四个爪上。

第四步，用去势钳前端的四个爪撑开牛筋圈。

第五步，把睾丸推到阴囊的底部，再将阴囊穿过去势钳前端撑开的牛筋圈，并把牛筋圈固定在睾丸的基部。

第六步，勒紧牛筋圈后，把去势钳松开并小心退出取下。

（2）刀切法　刀切法一般适用于1～2月龄的羔羊和成年公羊。

① 人员、器械、羊只等的准备。如果羊群中有传染病流行，应禁止进行去势手术。如果本地发生过破伤风，在刀切法去势前，应注射抗破伤风血清或类毒素。对于体弱有病的羔羊，如长期腹泻、缺奶、营养不良、体质衰弱等，应暂时停止做去势手术。在去势前，应禁食半天，把需要去势的公羊集中在一个小圈中，少量饮水。准备好场地、药品、器械等。器械要严格消毒。人员穿上白大褂，戴上口罩和胶手套，防止发生事故，或感染人畜共患病，如布鲁氏菌病等。

② 羊只的保定。根据羊的年龄、体重和手术方法，可选用下列适宜的保定方法：

第一种，抱起保定。适用于小公羔羊的去势。助手抱起羊坐在凳子上，使羊背部朝向保定者，腹部朝向手术者，用两手分别握住同侧的前肢和后肢（见图6-6）。

图6-6　抱起保定法示意图

第二种，倒提保定。适用于中、小公羊的去势。助手用两手分别将两后肢提起，同时骑在羊的颈部，用两腿夹住羊体（见图6-7）。

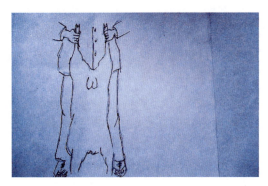

图6-7　倒提保定法示意图

第三种，倒卧保定。适用于成年公羊的去势。助手站在羊的左侧，弯腰，两手经过羊的背部伸到其腹下，分别握住并提举羊左侧的前肢和后肢，把羊放倒在地上，使羊呈左侧卧姿势，再握住两前肢和后肢（见图6-8）。

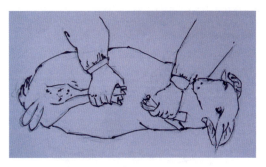

图6-8　倒卧保定法示意图

③ 操作过程：

第一步，助手保定好公羊的四肢，腹部朝向外侧显露出阴囊。

第二步，术者用剪毛剪剪去阴囊上的长毛，之后将羊的阴囊洗干净，再用 5% 碘酊消毒，酒精脱碘。

第三步，术者用左手将睾丸紧紧握住挤在阴囊里，右手在阴囊的下三分之一处纵切（也可以用横切法或横断法）一个小切口（切口的长度以刚能挤出睾丸为好），将睾丸挤出。

第四步，捻转睾丸以防精索出血，拉断血管和精索。如果精索出血则可以用结扎、烧烙、捻转或挫切（刮挫）法除去睾丸。

第五步，再从此切口通过阴囊中隔摘除另一个睾丸。

第六步，伤口撒布消炎粉或青霉素粉，再用碘酒消毒。

第七步，为防止破伤风，手术完成后可以肌内注射破伤风抗毒素 3 000 IU。

（3）去势钳去势法　这种方法就是用特制的去势钳进行去势（见图 6-9）。在阴囊的上部用力夹紧，将精索夹断。精索被夹断后，睾丸因得不到血液和营养的供应，会逐渐萎缩并干枯脱落。

图 6-9　去势钳

此方法的操作过程如下：

第一步，助手将公羊保定确实。将公羊的腹部朝向术者。

第二步，术者先用手将睾丸挤到阴囊的底部，并拉长阴囊。

第三步，用去势钳夹住公羊阴囊上部，并用力将精索夹断。

该方法快速有效，无开放性伤口，不流血，无感染风险。但术者必须具备一定的经验。

(4) 药物去势法　药物去势法就是用注射器将药物，如"消睾注射液"等注入睾丸实质，从而达到去势的目的。此法安全可靠且易操作。

① 药物去势法操作过程：

第一步，助手把公羊保定确实。

第二步，术者按照说明书的要求配制好"消睾注射液"等药物。

第三步，术者一手将睾丸挤到阴囊的底部，并对阴囊顶部与睾丸对应处（注射部位）进行消毒，另一只手拿吸有"消睾注射液"的注射器，从睾丸顶部顺睾丸长轴方向平行进针，扎入睾丸实质部，当针尖抵达下 1/3 处时慢慢注射。边注射边退针，使得药液停留在睾丸中 1/3 处。

第四步，术者依照同样的做法对另一只睾丸进行注射。

② 药物去势法注意事项：

第一，不要只是把药液注射在睾丸实质的底部，若仅底部坏死，睾丸的顶部仍有繁殖功能。

第二，睾丸注射了"消睾注射液"等药物后呈现膨胀状态，所以切忌挤压，以免药液外溢。药物的注射量参照说明书，注射时一般用 9 号针头。

总之，羊去势的年龄最好选在 10 日龄左右或 1～2 月龄。去势多在春、秋两季气候凉爽、晴朗无风时进行，如遇天冷或体弱的羔羊，可以适当延迟；去势时要保证羊只和人员的安全，避免出现事故；去势必须确实，避免出现去势失败的现象。

📹 **视频学习**

牛筋圈结扎去势、药物去势
详见视频14、视频15。

视频14　　　　视频15

操作（五）　修蹄技术

蹄是皮肤的衍生物，生长较快，若长期不修蹄则会导致蹄甲过长、蹼蹄，严重的会造成跛行，行走困难，甚至使四肢残废，种公羊失去配种能力。尤其舍饲养殖的羊群，更要注意修蹄。其原因是有的羊体形较大，四肢相对短小，四肢的负担较重。羊蹄过长或变形，会影响羊的行走及放牧，甚至发生腐蹄病，造成羊只残废。因此，修蹄是羊四肢保健的一项重要工作。

1　修蹄前的准备

术者和助手都要穿戴整齐，穿工作服、戴口罩、戴手套，以便做好个人防护工作，如防止感染人畜共患病等。

先把需要修蹄的羊找出来。修蹄一般选在雨后或雪后进行，或先在潮湿的草场放牧一段时间，也可用清水浸泡使羊蹄变软。蹄壳变软后容易操作。修蹄之前准备好修蹄刀、蹄剪（也可以用其他的刀、剪枝剪代替）、碘酒、镊子、烙铁等。

2 修蹄操作

对于放牧的羊只，一般每半年修蹄 1 次；对于舍饲羊，每月至少修蹄 1 次。其操作技术如下：

① 助手先将羊保定好，一般让羊呈坐姿保定，背靠助手。

② 一般先从左前肢开始，术者用左腿抵住羊的左肩，使得羊的左前膝靠在人的膝盖上，左手握蹄，右手持刀或剪子，先除去蹄下的污泥，用蹄剪将过长的蹄壳剪掉，再用修蹄刀将蹄部削平，剪去过长的蹄壳（见图 6-10、图 6-11）。修完前蹄后，再修后蹄。

图 6-10 修蹄剪   图 6-11 用修蹄剪修剪羊蹄

3 修蹄注意事项

① 修蹄时要细心，动作要准确、有力，一层一层地往下削，不可一次性切削过深过多，以免发生事故。一般削至蹄底见到淡红色的微血管为止，不可伤及蹄肉，以避免出血。

② 修蹄时如果不慎伤到蹄肉造成出血，可视出血量的多少采用压迫法止血或烧烙法止血。如果遇有轻微出血，可涂以碘

酒；如果出血较多，可用烙铁烧烙止血。烧烙时应尽量减少对其他组织的损伤，不要引起烫伤。

③ 为防止感染，要在修整好的切面上涂抹青霉素粉或喷洒消毒液，如碘酒等。如果溃烂严重，可用高锰酸钾水浸泡5～10 min，再涂抹凡士林，并用纱布包扎，同时对羊进行隔离，以避免传染。

④ 修理后的蹄，底部平整，形状方圆，羊能自然站立。如果是已经严重变形的蹄，需经几次修理进行矫正，切不可操之过急而伤害羊蹄。

⑤ 对于舍饲羊，每月至少修蹄一次，种公羊更应经常检查，及时修蹄，以免影响配种。

视频学习

羊蹄修剪技术详见视频 16。

视频 16

操作（六）　捉羊、导羊技术

1 捉羊（捕捉）技术

捉羊也就是捕捉羊，俗称"抓羊"。捉羊也是管理上常见的一项重要工作，如在梳绒、剪毛、装车、喂药、输液等过程中，都要求正确稳妥捉羊。捉羊时严禁抓毛扯皮，揪犄角拽腿，这样往往会对羊造成伤害，甚至造成不应有的损失。

（1）**操作准备**　捉羊人员穿好工作服，戴手套和口罩等，避免感染人畜共患病。捉羊前先准备好几种型号的抓羊专用钩和隔离栏等。

（2）**操作过程**　羊捕捉技术的操作方法如下：

① 一般对于体重较小的羊，正确的捉羊方法是人站在羊的一侧，趁羊不备时，迅速把羊抓住。一只手由羊的两腿之间伸进并托住胸部，另一只手抓住同侧后腿飞节，把羊抱起，再用胳膊由后外侧把羊抱紧。这样羊能紧贴人体，抱起来既省力，羊又不乱动。

② 对于体形较大的成年羊，多用专用的抓羊钩子来捉羊。其操作方法如下：趁羊不备时，用钩子钩住羊的一条腿，顺势将羊抓住（见图6-12）。此种抓羊钩子是特制的，一般都是用直径8 mm 的钢筋双折弯曲而成，无尖锐点，不伤害羊。长款钩子适合于在大的圈舍内抓羊，短款钩子适合于近距离抓羊。

图6-12　抓羊的钩子

2 导羊技术

导羊就是控制羊前进的方法。当进行羊只鉴定或分群时，必须进行导羊管理。羊的性情很倔强，不能扳住羊头或犄角强拉硬拽，这时导羊人越是用劲，羊就越是后退。导羊操作技术如下：

导羊人站在羊的一侧，用一只手托住羊的颈下部，用另一只手轻轻搔挠抚摸羊的尾根部，为羊挠痒，这样羊便会向前走动。

总之，无论是捉羊还是导羊，都要关爱羊，要富有同情心，对待羊严禁简单粗暴。同时，还要注意羊和人员的安全，防止出现意外事故，如发生羊的扭伤、外伤，甚至骨折等。

视频学习

抓羊钩子抓羊技术、抓羊钩子介绍、徒手抓羊技术详见视频17～视频19。

视频 17

视频 18

视频 19

操作（七）　断尾技术

断尾是针对绵羊来说的，主要是长瘦尾型的绵羊品种，如纯种细毛羊、半细毛羊及杂种羊等。断尾是因为细毛羊和半细毛羊均有一条无实用价值的瘦长尾巴。断尾的目的：一方面是保持羊体的清洁卫生，防止粪尿污染羊的后躯、羊毛，保证羊毛的品质；另一方面，夏季苍蝇可能会在母羊的阴部产卵；再就是长尾巴还会妨碍配种。断尾一般应在羔羊出生后 7～15 d 进行。断尾的方法有多种，如结扎法、热断法及刀切法等，下面分别进行介绍。

1 断尾操作准备

负责断尾操作的技术人员上岗之前要经过培训，尤其是术者。再就是准备相应的器材设备，如断尾钳、橡胶圈、橡皮筋、锋利的刀具、棉球、纱布、碘酊、断尾铲、干燥粉、断尾统计表、记号笔等。

2 断尾操作过程

（1）结扎断尾法

① 准备工作。先把需要断尾的羊聚集在一起，再准备好弹性强的橡胶圈（或橡皮筋）和断尾钳，术者和助手穿上工作服，戴好口罩和手套。

② 操作步骤：

第一步，助手将需要断尾的羊保定妥当。

第二步，术者先用手将尾巴的皮肤向尾根部推送一下。

第三步，术者用剪子将需要扎橡胶圈部位的羊毛适度剪掉。

第四步，术者将橡胶圈套在断尾钳前端的 4 个爪上，并用力撑开橡胶圈。

第五步，将羊尾巴穿过套在断尾钳前端 4 个爪上的橡胶圈，在距离羔羊尾根部 4 cm 处（第 3 和第 4 尾椎之间）松开断尾钳，将橡胶圈勒紧固定在这个部位，再检查一下橡胶圈是否在合适的部位，上下是否一致，之后撤出断尾钳。（注意：这个过程也可用橡皮筋代替橡胶圈将羊尾紧紧扎住。）此操作的过程见图 6-13～图 6-15。

图 6-13　将橡胶圈套在断尾钳头部的 4 个爪上

图 6-14　羊尾巴伸过橡胶圈，并套好扎牢橡胶圈，撤出断尾钳

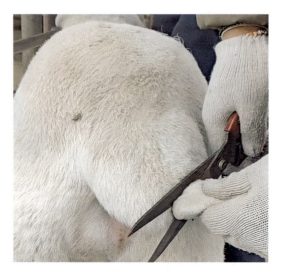

图 6-15　对大羊进行断尾时，经过 10 d 左右，可用剪子
在勒橡胶圈处将尾巴直接剪断

（2）刀切法

① 准备工作。首先把需要断尾的羊汇集在一起，其次准备好细绳、锋利的刀片或剪刀、纱布、棉花、碘酒、青霉素粉等，术者和助手穿好工作服，戴好口罩和手套。

② 操作步骤：

第一步，助手将羊保定确实。

第二步，术者用细绳扎紧羊的尾根，以阻断尾巴远端的血液循环。

第三步，术者在距离尾根 4～5 cm 处（大致在第 3 与第 4 尾椎之间），用快刀迅速切断尾部。

第四步，术者在伤口处先涂抹碘酒，之后撒上青霉素粉及止血粉，再用纱布和棉花包扎，以免引起感染或冻伤。

第五步，术后不久，将尾根的细绳解开，使血液流通，一般经 7～10 d 可愈合。

(3) 热断法（也叫烧烙法）

① 准备工作。术者和助手穿上工作服，戴好口罩和手套。把需要断尾的羊集合在一起。再就是准备好断尾铲或断尾钳，两块 20 cm×20 cm、厚大约 35 mm 的木板，一块木板一端的下方锯一个半月形缺口，两侧包以铁皮，叫挡板；另一块叫垫板，断尾时垫在板凳上。纱布、碘酒等准备齐全。

② 操作步骤：

第一步，助手将羊背贴木板进行牢固保定。

第二步，术者将特制的断尾铲烧至黑热。

第三步，术者用带缺口的木板卡住羊尾根部（距离尾根 4 cm 左右处），也就是在第 3 与第 4 尾椎之间，用烧至暗红的断尾铲将尾切断（实际上是烙断）。这种方法多用于脂尾羊。

第四步，断尾后，用浓度 2%～3% 的碘酒对切口处进行消毒。

3　断尾的注意事项

① 断尾时一定要掌握好断尾的部位，动作要准确到位，力争一次成功，以所剩尾根可以盖住肛门和阴户为标准，不能过短。

② 断尾时应将尾部的皮肤尽量贴向尾根，以防断尾后尾骨外露。

③ 热断法断尾时，断尾铲下切的速度不宜过快，用力要均匀，使断口组织在切断时受到烧烙，起到消毒、止血的目的，最后用碘酒消毒。

④ 断尾操作一般在羔羊出生后 7～15 d 内进行。但在实际生产中，一般实行早期断尾，尤其是一些尾巴比较大的羊，如滩羊，在羔羊出生后 1～3 d 内就可断尾，一般多采用结扎法。

⑤ 身体瘦弱的羊或遇寒冷天气，断尾时间可适当推迟。断尾最好选择在晴天的早晨进行，以便全天观察和护理羊只。

⑥ 施行断尾手术后的羊要注意保暖，同时防止感染及冻伤（见图6-16）。

图6-16　断尾后的羔羊群

4 操作总结

① 上述的三种断尾方法中，以结扎法最好，安全方便、简单易行、不流血、愈合快、效果好。其原理是：通过结扎阻断尾下部的血液流通，尾下部因得不到养分的供应逐渐萎缩，经过10～15 d左右，尾巴的下段就会自结扎处自行脱落（一般不用剪割，可防感染破伤风）。这种方法的缺点是所需时间较长。

在实际生产中，当羔羊尾巴刚被扎上橡胶圈或橡皮筋时，会表现出不适应，比如，会出现鸣叫不安、吃奶量下降等现象。其实，这种断尾方法对羔羊伤害并不大。

② 刀切法断尾后，当天下午就可将尾部的细绳解开，使血液畅通。这种断尾方法一般经过7～10 d伤口就会愈合。但此方法若处理不好，容易造成感染。

③ 热断法断尾的速度不宜太快，应该边烙边切，以免出血。如果有出血，用热铲再烫一下即可。热断法断尾时要多观察，若尾部出血，要立即采取止血措施。此法的优点是速度快、操作简便、失血少，对羔羊影响小，安全可靠；缺点是伤口愈合较慢。

视频学习

结扎断尾技术详见视频 20、视频 21。

视频 20　　　　视频 21

操作（八）　羊去角技术

去角是羊饲养管理的一个重要环节。因为有角的公羊之间往往会打斗顶架，很容易受到创伤；个别性情暴烈的公羊还会攻击饲养员和放牧人员，造成人身伤害；再就是有的羊成年后，羊角可能不是正常地向外向上伸展，而是朝向自己的身体，甚至会刺向自己的面部或眼球等部位，造成自身伤害（见图 6-17）。还有，羊都有一个习惯，那就是用犄角抵在树上蹭树，这很容易造成幼树掉皮死亡，因而在进行放牧饲养时会对林果业生产有影响。所以，为了安全起见和林果业的发展，放牧饲养时最好进行去角。

图 6-17　羊角尖端扎向羊的眼球

山羊的羔羊一般是在出生后 5～10 d 内去角；绵羊的羔羊一般是生后 10～14 d 去角。这个时间段去角对羊的伤害小。

1　去角操作的准备

将需要去角的羊选出来集中在一个圈舍内。术者和助手穿好工作服，戴口罩、手套。再准备好相应的器械材料，如角磨机、大功率的电烙铁、消毒药、消炎粉、碘酒、纱布、棉球、苛性钠或苛性钾、凡士林等。

2　去角操作过程

有角品种的羔羊出生后，其头顶的角蕾部位呈旋涡状，触摸时有一个较硬的凸起。羔羊去角就是处理这个部位。常用的去角方法有烧烙法、化学去角法和角磨机（或线锯）去角法等。下面分别进行介绍。

（1）烧烙法　烧烙法就是用烧红的烙铁对羔羊的角蕾进行处理，破坏角突及角芽，从而达到去角的目的。

第一步，将烙铁烧至暗红色（多采用功率为 300 W 左右的电烙铁）。

第二步，助手对需要去角的羔羊进行保定。

第三步，术者先将羔羊角蕾部位（角基部）的毛剪掉，剪的面积要适当大一些，一般直径 3 cm 左右。

第四步，对保定好的羔羊的角蕾部进行烧烙，烧烙的次数可以多一些，但每次烧烙的时间不应超过 10 s。先烙掉皮肤，再烧烙骨质角突（也就是角原组织），直至破坏角芽。

第五步，对术部撒适量的消炎粉，还可进行适当包扎。

（2）化学去角法　化学去角法就是用棒状苛性钾（氢氧化钾）或苛性钠（氢氧化钠）在角基部摩擦，以破坏皮肤和胶原组织，从而达到去角的目的。

第一步，助手先将羔羊的后肢适当捆住，保定确实（松紧程度以羔羊能站立和缓慢行走为宜）。

第二步，术者先将角突周围的羊毛剪掉，之后在角突（角基部）周围涂抹一圈医用凡士林，目的是防止碱液损伤到羊头部及其他部位的皮肤及防止碱液进入眼内。

第三步，术者用苛性钾棒在两个角芽处轮流涂擦，以去掉皮肤及破坏角芽。操作时要先重后轻，将角芽表层擦至有血液渗出即可，摩擦的面积要稍大于角基部。

第四步，去角后，在伤口处撒上少量的消炎粉或青霉素粉。

第五步，解除保定，把羔羊放开。

（3）角磨机（或线锯）去角法　这种去角方法多用于大羊。

第一步，助手对羊只进行保定，尤其注意头部的保定。

第二步，术者接通电源，用角磨机在羊犄角的适当位置进行切割去角，再把角边缘尖锐处修整圆滑些。也可用线锯进行此去角操作（见图6-18）。

图6-18　线锯去角

第三步，去角后，术者在伤口处撒适量的消炎粉或青霉素粉。

3 去角的注意事项

① 烧烙去角时，烧烙的次数可以多一些，但每次烧烙的时间以 10 s 为宜，当表层皮肤破坏并伤及角突后可终止。

② 化学去角时，如果是由母羊哺乳的羔羊，在半天之内羔羊应与母羊隔离，哺乳时也应尽量避免羔羊将碱液沾到母羊的乳房上而造成腐蚀性外伤。

③ 角磨机去角时，术者操作必须谨慎小心，注意安全，严防伤到羊和人员，尤其是在羊挣扎的时候。

④ 对于羊角已经接近羊身体、头部，或已经刺入皮肤等部位的，最好用线锯去角。操作时也一定要小心，以免对羊造成伤害。

总之，去角时一定要注意羊和人员的安全，避免被角磨机切割到，或被苛性钠、苛性钾腐蚀到；出血时要注意止血；去角后要防止伤口感染。

视频学习

烧烙去角技术详见视频 22、视频 23，角磨机切割羊角技术详见视频 24。

视频 22

视频 23

视频 24

———— 操作（九）　剪毛技术 ————

羊毛是羊的主要产品之一。剪毛的主要目的：一是剪毛取得经济效益；二是可减少体外寄生虫；三是利于羊自身体外散热，相当于脱去"棉袄"。细毛羊、半细毛羊一般每年仅春季5～6月份剪毛一次；粗毛羊每年可剪毛两次，也就是春、秋各剪毛一次，秋季剪毛多安排在9月份。

1 剪毛操作准备

（1）剪毛场所的准备　剪毛的场所要选在干净、平坦、地势高燥的地方，地面上无杂草和垃圾，防止弄脏和玷污羊毛。多选在水泥地面上进行。剪毛前3～5 d，先要对剪毛场所认真地清扫和消毒，并铺上苇席或塑料薄膜等。为防止尘土飞扬，剪毛前可洒些水。

（2）人员的准备　先对剪毛人员进行培训，掌握剪毛技术要领。剪毛者和助手在剪毛前要剪短指甲，要洗手，都要穿工作服，戴口罩及护目镜等。一定要注意自身的防护，避免人畜共患病的传染。

（3）羊只的准备　剪毛前12 h应停止放牧、饮水和饲喂，以免剪毛时粪便、尿液污染羊毛，或者在剪毛过程中对羊翻转时发生胃肠扭转等造成伤亡事故。必须保证羊只在干燥状态下剪毛，全身应该保持干净、干爽。如果羊的被毛被雨水淋湿了，要等到羊毛干了之后再剪，因为潮湿的羊毛在保存时会很容易变质。剪毛前把羊群驱赶到狭小的圈舍内让羊只相互拥挤，这样可促进羊体油汗溶化，剪毛效果更好。

（4）器材等的准备　剪毛前准备好剪毛器械及材料，如电动剪毛机、剪毛剪子、干净的塑料袋（装羊毛用）、笔、消毒药品（如碘酊等）、记录本（表）、电子秤、标记颜料、磨刀石、苇席等。

2 剪毛操作过程

（1）剪毛方法分类　剪毛方法分为机械剪毛和手工剪毛两种。选择什么方法主要依据羊只数量的多少、操作者的熟练程度而定。规模小的羊场多采用特制的剪毛剪手工剪毛，这种剪毛方式的劳动强度大，每人每天能剪 30～40 只羊；规模大的羊场通常采用专用的电动剪毛机进行机械剪毛，剪毛速度快，质量好，省工省时，效率比手工剪毛高 3～4 倍（见图 6-19）。

图 6-19　电动剪毛机剪毛

（2）剪毛操作（以手工剪毛为例）

第一步，助手将羊捆绑保定好，卧倒在清扫干净的苇席或塑料薄膜上。

第二步，剪毛人员先蹲在羊的背后，由羊后肋向羊的前肋直线开剪，然后按照与此平行的方向剪腹部以及胸部的毛，再剪前、后腿的毛，最后剪头部的毛。一直把羊的半身毛剪至背中线。

第三步，助手给羊翻个身，暴露羊身体的另一侧。

第四步，剪毛人员再用第二步同样方法剪羊身体另一侧的羊毛。对于较小的羊只，也可以让其站着剪毛。

3　剪毛注意事项

(1) 注意剪毛的时间　由于各地的气候条件差异很大，所以剪羊毛的时间也不同。剪毛过早或过迟对羊都不利。过早羊容易着凉感冒；过迟则气温太高，既阻碍羊散热，也影响羊的放牧和抓膘，还会出现羊毛自行脱落丢失现象而造成经济损失。在我国北方地区一般多在5～6月份剪毛。高寒的牧区应该在6～7月份剪毛。秋季剪毛多在9月份进行。

(2) 注意天气变化　剪毛一般都是在上午进行，应选在晴朗无风的天气，且气候转暖、温度趋于稳定的时候。如果在寒冷天气剪毛，需要对羊进行护理。剪毛结束后把羊安置在干燥、清洁、暖和的圈舍中，剪毛后7d内不能将羊暴露在雨或雪中。

(3) 剪毛操作要点　剪毛时应手轻心细，剪子一定要端平，紧贴着皮肤剪毛，使毛茬留得短而且齐，留毛茬高度0.3cm左右。剪毛不求美观，只剪一剪毛，严禁剪二茬毛，二茬毛毛短价值低，毛纺产品的断头较多。遇到皮肤褶皱处，应轻轻将皮肤展开再剪，防止剪伤皮肤。剪乳房、阴囊和脸颊部位时，要小心慢剪。剪毛时如果不慎剪破了皮肤，应立即涂抹碘酒消毒，以防感染。最需要注意的是母羊的乳头，最好一只手持剪毛剪，用另一只手遮盖住乳头，以免不小心剪到乳头。

(4) 不同类型羊的剪毛顺序　原则是先从低价值的羊只开

始，先从粗毛羊开始，然后再剪细毛杂种羊，最后剪细毛纯种羊。同一品种的，先剪羯羊、幼龄羊，后剪种公羊、母羊。患病的羊，特别是患体外寄生虫病的羊，应留在最后剪毛。这样有利于剪毛人员熟练掌握剪毛技术，以保证剪价值高的绵羊时能剪出质量好、品质高的羊毛来，剪出套毛来。

（5）尽量减少羊只的挣扎　在剪毛过程中，尽量要让羊感觉比较舒服，越舒服羊的挣扎就越小，避免对羊造成伤害。

（6）剪毛后放牧要防止羊过食　防止过食的目的是防止消化不良。剪毛后1周时间内应尽可能在离羊舍较近的草场放牧，以便及时回到羊舍，避免因突遇降温天气而造成损失。

（7）羊毛的保存　剪下的羊毛要按照优劣、脏净及长短分开，按等级分类。也就是把干净的羊毛与短的、脏的、污染的毛分开，保存在干燥通风的室内，要防雨淋、受热和潮湿。剪下的毛要逐个过秤，并做好记录，以便考查每只羊的生产成绩。

（8）剪毛后人员注意自身的卫生　剪毛涉及的人员要洗手、换衣服、洗澡、消毒。

（9）精心饲养管理剪毛后的羊群　刚剪过毛的羊，其采食量会增加15%～20%。因此，要给所有剪过毛的羊提供优质饲料，以补充因寒冷和剪毛所带来的消耗。进行放牧饲养的羊只，剪毛后要把羊放牧于水草茂盛的牧场，以免羊因为禁食、禁水的时间过长而影响采食量，引起消化道疾病。

视频学习

手工剪毛技术、电动剪毛技术详见视频25、视频26。

视频25　　　　视频26

操作（十） 绒山羊的梳绒技术

羊绒是绒山羊最主要的产品，具有"纤维中的宝石"之称，价值很高。养殖绒山羊的主要目的就是获得更多、更好的羊绒。

梳绒就是把羊绒从绒山羊的身体上抓取下来。梳绒是一项专有技术，对于梳绒的时机、梳绒的准备及梳绒的操作等都有着严格的要求。梳绒技术的好坏直接关系到养殖绒山羊的经济效益。

1 梳绒前的准备

（1）掌握羊绒生长发育规律

① 羊绒生长及脱落规律。绒山羊的羊绒一般在每年的 6 月下旬开始出现于皮肤表面，以后生长逐月加快，9 月份生长最快，此后生长速度又逐渐减慢，至翌年 2 月底停止生长，到 4 月底至 5 月上旬，大致在清明前后，绒毛便开始脱离皮肤，其脱落就像瓜熟蒂落一样。

羊绒的生长规律是从后躯向前逐渐生长，而脱落的顺序则是从前躯到后躯依次脱落。脱绒规律是：年龄大的先脱，年龄小的后脱；母羊先脱，公羊后脱；产羔羊先脱，妊娠羊后脱；体弱的先脱，体壮的后脱；头部先脱，后躯后脱。

② 产绒的最适年龄。绒山羊产绒量多且质量好的年龄是在 2～5 岁，其中以 3 岁最好。

③ 梳绒时机的判断。最佳梳绒时机是通过羊头部的耳根、眼圈四周的羊绒脱落情况来判断的。只要这两个部位的绒与皮肤分离就说明可以梳绒了。看到这两个部位的羊绒的根部开始松动，开始与皮肤分离（俗称"起浮"），就说明梳绒时机成熟了。

自然状态下羊绒的脱落次序为：头部→腿部→肩部→胸部→背部→后驱。

梳绒不能过早和过晚。过早则不易梳下来，同时，天气太冷，羊只容易感冒发病；过晚则羊绒缠结无法梳绒，或者造成羊绒丢失。

（2）人员的准备　梳绒前要对梳绒人员进行培训，训练其掌握好梳绒技术。梳绒时要戴好口罩，穿好工作服。

（3）场所的准备　梳绒场所应选在宽敞明亮的屋子内或避风的场地。场地必须打扫干净，并进行消毒。

（4）梳绒工具的准备　梳绒前要准备好梳绒用的钢丝材质的梳子（见图6-20）、手套、口罩、塑料布、塑料袋、绳索、碘酒、纱布以及做梳绒记录用的笔、本等。

图6-20　梳绒梳子

梳绒的梳子有疏、密两种。稀梳子由5～8根钢丝组成，钢丝间距1.0～2.0 cm；密梳子由12～18根钢丝组成，钢丝间距0.5～1.0 cm。这两种梳子的钢丝直径都为0.3 cm。两种梳齿的顶端均弯成钩状，磨成秃圆形，并弯向同一面。顶端要整齐，高度要一致，目的是避免在梳绒时抓伤羊的皮肤。钢丝之间由一片中间有孔的钢片连接，钢片上孔洞的直径略大于钢丝的直径，钢片可以上下滑动，保证梳绒时钢丝处于平行状态。

2　梳绒的操作技术

绒山羊的羊毛相当于一件厚"外套"，羊绒相当于一件贴身"小棉袄"。剪毛就是脱掉"外套"，梳绒就是脱掉"小棉袄"。目前，梳绒的方法有三种：

第一种，用剪子先将羊毛"打梢"，剪去外层长的毛梢再梳绒。

第二种，先直接用梳子梳绒，之后再剪掉羊毛。

第三种，羊绒和羊毛一并剪下（俗称"剪绒"），获得的是绒和毛混合在一起的羊产品。

下面介绍第二种方法，也就是先梳绒再剪毛的这种梳绒方法。

（1）羊的保定　助手将羊横卧，头、四肢固定住，不要动来动去。将贴近地面的前肢和后肢捆绑在一起。头部要高于尾部，以利于羊的呼吸。

（2）梳绒操作过程

第一步，梳绒者将脚插入捆绑住的羊的前肢和后肢之间，目的是防止羊翻身。

第二步，先用齿稀的梳子，顺毛的方向将羊的被毛中的碎草、粪便、泥土等清理掉。

如果选用第一种梳绒方法——先把毛梢剪掉，也就是老百姓所说的先把厚"外套"脱掉，再脱掉贴身的"小棉袄"，操作时要先用剪子剪去毛的尖端部分，但这个过程不要剪到羊绒。剪毛时必须细心，只是剪去羊毛，不要剪到羊绒，否则就会影响绒的产量，影响经济效益。

第三步，用齿密的梳子顺着毛的方向梳绒，沿着头部→颈部→肩部→背部→腰部→股部→腹部等部位由前向后、由上向下轻轻梳。但是，腹部有些难梳的部位就需要倒着梳。

梳绒时梳子与羊体表一般呈 30°～40° 的角度，一只手在梳子的上面轻轻下压来帮助另一只手梳绒。每次梳绒的距离要短。

第四步，当梳子上的绒积存到一定数量后，就要将羊绒从梳子上退下来（一般一梳子可积存羊绒 50～100 g），放入干净的容器或塑料袋中。这样做，羊绒紧缩成片，不易丢失还便于包装（见图 6-21）。

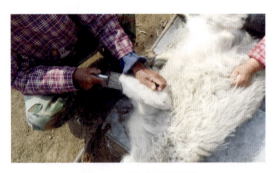

图 6-21　绒山羊的梳绒

第五步，一侧的绒梳干净后，助手将羊翻身，再梳另一侧。

第六步，填写记录表。每只羊每次梳绒后，一定要及时填写好羊的号码及梳绒数量的多少。

3　注意事项

① 梳绒时绒山羊要空腹，梳绒前 12 h 之内禁水、禁食。

② 梳绒时给羊翻身不能四脚朝天翻，要求从哪侧放倒，就从哪侧立起，也就是背朝天翻转，相当于让羊站起来，然后再侧卧

放倒。否则很有可能造成消化器官移位，发生肠扭转、肠鼓气等。

③ 梳绒必须仔细，动作要轻、慢，用力必须均匀，不可用力过猛。梳子要贴近皮肤，千万不要刮伤皮肤。对于不易梳绒的羊和难于梳绒的部位，不可硬梳，以防"伤耙"（皮肤脱离肌肉，损伤毛囊），因为毛囊一旦受损，就再也无法长出绒来了，从而影响以后的产绒。梳绒梳到眼部、耳部、母羊的乳房，公羊的睾丸、包皮等部位时，一定要仔细，小心避开这些要害部位。对于"伤耙"的地方，要涂抹碘酒消毒，必要时要进行缝合处理。羊的后背十字部最易"伤耙"，梳绒到这个部位时要加倍注意。

④ 因为母羊脱绒早，所以一般都是先从母羊开始梳绒，其次才是公羊、羯羊，最后是育成羊。对于妊娠羊（尤其妊娠后期）必须十分小心，动作一定要轻，防止流产。临产的母羊最好产羔后再梳绒。对于患有皮肤病的羊要单独梳绒，梳子用后要消毒，以防传染。

⑤ 梳绒要选在晴天，梳绒前后避免雨淋，预防感冒。

⑥ 有的羊因趴卧等原因，腿部、腹部的绒和毛粘连在一起而无法梳绒时，只能采取毛、绒一起剪下的方法。

⑦ 要规范梳绒的姿势，掌握好梳绒的顺序，控制好角度、力度、速度。梳子离皮肤太高则梳不到绒，太低又可能刮伤皮肤，因此必须轻搭快拉，梳子与羊的皮肤大致呈 $30°\sim40°$ 的角度。

⑧ 梳绒的刷子要勤检查，防止梳子的钢丝出现高低不平的现象。若出现此现象，只需把梳子的挡条向前推一下，再在地上用适当的力度磕几下就可以了。

⑨ 梳完绒的羊不要马上让其回到原来的圈舍。因为此时它的外貌特征已经发生了改变，别的羊看见了就会认为是"异类"而顶它、攻击它。要把它放到一个单独的圈舍进行饲养，等梳绒全部完成后再同圈饲养，因为这时所有的羊在外观上都一样了。

⑩ 梳绒后要在羊的饮水中加入一些电解多维，这样可以缓

解应激反应。因为梳绒时的捆绑固定、梳绒、翻身等对羊来说是一种较为剧烈的刺激，羊并不懂得这样操作的目的只是"脱去外套和小棉袄"，并不是想要了它的小命，不会对它的生命造成威胁，所以羊往往会剧烈反抗、拼命挣扎，产生应激反应。

⑪ 梳绒后一般经过 10～15 d 再进行药浴，以预防寄生虫病。因为此时对羊进行药浴较为方便，相当于人脱掉衣服后好好泡一个热水澡一样。

⑫ 因羊绒"起浮"的先后不同，程度不同，所以一次很难梳净，一般过一周左右可以再梳 1 次。

总之，梳绒必须把握好梳绒的时机，不能过早或过迟。梳绒的动作要轻、慢、缓、柔，要仔细，技术要熟练，不能生拉硬扯。对待羊要有爱心，有耐心。

视频学习

梳绒（先梳绒后剪毛）技术详见视频 27，梳绒（羊绒和羊毛一起剪）技术详见视频 28，梳绒（先打去毛梢后梳绒）技术详见视频 29。

视频 27

视频 28

视频 29

操作（十一）　奶山羊挤奶技术

奶山羊与其他用途的绵羊、山羊有很大不同。奶山羊能很好地将饲料中的营养物质转化为奶产品，在一个泌乳期内的产奶量，可相当于自身体重的 8～15 倍，最高达 37 倍。

1 挤奶操作准备

（1）挤奶室准备　有条件的奶山羊场，挤奶要有专门的挤奶室。挤奶室要清洁、明亮、卫生，设有专用的挤奶台。台面距离地面 40 cm，台宽 50 cm，台长 110 cm，前面颈枷总高度 1.6 m，中间一个料槽。台面右侧前方设有方凳，是挤奶员挤奶操作时的座位。这种挤奶台可以移动，也可以设立固定的挤奶架。

（2）器械、材料的准备　需要配备挤奶桶、贮奶桶、热水桶、台秤、毛巾、桌凳和记录本等。所有的挤奶器械都要经过消毒处理。

（3）人员的准备　挤奶前要对挤奶人员进行培训，训练其掌握基本的挤奶技术，知道挤奶时应该注意的一些事项。挤奶人员要固定，且健康无病。挤奶前要洗净双手，指甲要剪短。工作服要消毒。

2 挤奶操作技术

目前，挤奶方法有机器挤奶和手工挤奶两种。具有规模的奶山羊场多采用机器挤奶，而一般的奶山羊场则采用手工挤奶。下面以手工挤奶为例介绍挤奶的操作技术。

手工挤奶有拳握法（压榨法）和滑挤法（滑榨法）两种，以拳握法为好，具体操作方法如下：

第一步，把需要挤奶的奶山羊引导到挤奶台。

第二步，用毛巾蘸上 40～50℃的温水擦洗乳房和乳头，再擦干，接着用手按摩乳房，刺激乳房，促进泌乳。

第三步，先用拇指和食指固定住奶头基部，防止奶回流。

第四步，依次将中指、无名指和小指向手心压缩，促使乳房贮奶池中的奶从奶头管中排出。**注意：对于初产母羊和一些乳头比较小的母羊，挤奶时可以用滑挤法，用拇指和食指捏住奶头基**

部向下滑动，挤出奶来。

第五步，最初挤出的几滴奶因为被污染了，必须丢弃掉，然后以均匀的速度将奶挤入奶桶中。

第六步，挤奶时两手同时握住两个乳头，一挤一松，交替进行。挤奶动作要轻巧、敏捷、准确，用力要均匀，使羊感到轻松（见图6-22）。挤奶速度每分钟80～120次。

图6-22　奶山羊手工挤奶

第七步，等到大部分奶挤出后，再按摩乳房数次，最后再将奶挤干净。

3　挤奶注意事项

① 母羊产羔后，要先把乳房周围的长毛剪掉。

② 挤奶前必须把羊床、羊体和挤奶室打扫干净。挤奶和盛

奶容器必须严格清洗消毒。

③ 擦洗乳房后应立即挤奶，不得拖延，最好不超过 5 mim。

④ 挤奶员要固定，应健康无病，勤剪指甲，洗净双手，工作服和挤奶用具必须保持干净。挤奶桶最好是带盖的小桶。挤奶的场所也要固定。

⑤ 每次挤奶时，应将最先挤出的一把奶弃去，以减少细菌含量，保证鲜奶质量。挤奶时奶必须挤净，防止乳房疾病的发生。

⑥ 挤奶室要保持安静，严禁打骂羊只。

⑦ 严格执行固定挤奶时间与挤奶程序，以便形成良好的条件反射。

⑧ 挤奶前后要注意观察奶山羊的乳房，发现有奶头干裂、伤口、乳房炎的要及时处理。患乳房炎或有病的羊最后挤奶，其乳汁不可食用。擦洗病羊乳房的毛巾与擦洗健康羊乳房的毛巾不可混用。

⑨ 挤奶结束后，须及时称重并做好记录，再用纱布过滤后速交收奶站。

总之，手工挤奶的挤奶员必须掌握挤奶要领，挤奶动作要轻巧、敏捷、准确，用力要均匀，使羊感到轻松。挤奶速度每分钟 80～120 次。

人工挤奶的挤奶次数应根据泌乳量的多少而定，可以参考表 6-3。

表 6-3 奶山羊日挤奶次数及日产奶量

序号	日挤奶次数/次	日产奶量/kg
1	2	3
2	3	5
3	4～5	6～10

视频学习

奶山羊手工挤奶技术、奶山羊机械挤奶技术详见视频 30、视频 31。

视频 30

视频 31

操作（十二）　羊的运动、称重及羊群结构调整技术

1　羊的运动技术

适当运动对保证羊的健康非常重要，尤其对舍饲的羊显得更加必要。因为运动能增强体质，提高抗病能力，增强适应性。

第一，母羊妊娠期坚持运动，可以增强心脏功能，防止发生水肿和难产。若长期缺乏运动，常常影响羊的采食和对于饲料的消化能力，进而影响到母羊的生产性能。

第二，种公羊若运动不足，则性欲减弱，精液的品质下降，影响配种能力。

第三，羔羊（尤其哺乳羔羊）适当运动，可以促进消化，预防腹泻，增强体质和适应力，有利于生长发育。

第四，育成羊加强运动，有利于骨骼生长发育。充足的运动，再加上良好的营养，可使胸部发育良好，体形高大，体躯长，外形理想，成年后生产性能也好。

（1）羊运动的准备　运动场、牧羊鞭、计时器等。

（2）操作技术　对于放牧的羊群，饲养管理人员将羊驱赶到

草场或牧地进行放牧是理想的运动方式，每日坚持 4 h 即可；对于舍饲养殖的羊，饲养管理人员则每日应在运动场内驱赶羊群强迫运动 1~2 h，保证一定距离和强度的运动。

总之，羊只运动与否，以及运动量的大小，是影响羊健康生长的一个重要因素。羊每天的运动量要适宜，如果运动量过小，则达不到运动的目的；反之，运动过量会因过于疲劳而影响健康和生产性能。舍饲的羊群可以通过驱赶、追撵的方法达到运动的效果。

2 羊的称重技术

体重的大小是衡量羊生长发育是否良好的一个重要指标，也是检查饲养管理工作好坏的依据之一，所以，称重应及时且准确，且按要求在规定的不同日龄进行称重。

(1) 操作准备　电子秤（或自动称重仪器）、记录表、笔等。

(2) 操作规程　需要在羊生长的不同阶段（日龄）分别进行称重，称重需要在早晨空腹时和未出牧前进行（见图 6-23）。依据羊生长的不同阶段，称重项目主要包括：

① 初生重（一般羔羊出生后，在毛稍干而未吃奶前就应称重，称为初生重）；

② 断奶重（大约在 3~4 月龄时）；

③ 周岁体重；

④ 两岁体重；

⑤ 成年体重；

⑥ 配种前体重；

⑦ 产前体重；

⑧ 产后体重。

图6-23　羊的简易自动称重设备

总之，每个品种的羊在不同的生长阶段，都有其标准体重值。在各个不同的阶段进行称重，可以及时发现问题，以便对饲养管理工作进行适当调整。称重也是饲养人员的一项重要工作。称重时要耐心、准确，对羊要温柔、和蔼，不能简单粗暴。

3　整群和羊群结构调整技术

对于规模较大的羊场，每年都要对整群和对羊群结构进行调整。整群和羊群结构调整对羊的生产、繁殖、扩群、饲养管理等都有很大意义。

（1）操作准备　挡羊的栅栏、圈舍、统计表、笔、记号笔等。

（2）操作过程

① 整群技术。羊只周转以及整群一般在一个生产年度结束后进行，即羔羊断奶后进行，通常在秋季，大致在9月份。

每年都要对羊群进行调整，对于那些生产性能差，有繁殖障碍的、年老的、有特殊病的羊要进行淘汰，及时补充同类羊只。每年每群羊的淘汰率应保持在 15%～20%，以保证羊群的正常生产。对于同类羊难以组群的，应选择将生产性能、年龄、体质等相近的羊组成一群，以利于生产和育种。具体操作是：

羔羊到 4 月龄断奶后，组成育成公羊群和育成母羊群；上一年度的育成羊转成后备羊；后备羊组成成年羊群。

② 羊群结构调整技术。羊群按照年龄可分为：

羔羊群——出生到 4 月龄。

育成群——4 月龄断奶至 18 月龄。

后备群——18 月龄至 30 月龄。

成年群——30 月龄以上。

每群的适宜只数：

成年公羊一群 20～30 只。

后备公羊一群 30～40 只。

育成公羊一群 50～60 只。

成年母羊一群 50～60 只。

后备母羊一群 60～70 只。

育成母羊一群 60～70 只。

总之，经过整群和羊群结构调整后，要求成年公羊应占羊群总数的 15%；后备母羊、育成母羊应占羊群总数的 20%，以便羊群能够得到更新换代。

视频学习

羊测体重自动分群技术设备详见视频 32。

视频 32

操作（十三） 羊体尺测量技术

体尺测量是羊管理中的一项重要内容，通过测量羊的体尺参数，可以评估羊只的生长发育状况、生长发育速度、生产性能，以及是否符合品种特性等，从而提高养羊效益。羊的体尺测量一般是在 3 周龄、6 周龄、12 周龄和成年四个阶段各进行一次。

1 体尺测量操作的准备

进行体尺测量的技术人员要提前进行培训，熟练掌握体尺测量的方法及项目。再就是准备好测量器械、材料，如皮卷尺、测杖、直尺、游标卡尺、记录本、笔等。

2 体尺测量的操作技术

进行羊体尺测量时，要让被测羊端正地站立于宽敞、平坦的场地上，四肢直立，头自然前伸，姿势正常。然后按照要求对主要部位分别进行测量。每项至少测量 2～3 次，之后取平均值，并做好记录。羊的体尺测量主要有以下几项，具体测量部位、测量方法等见图 6-24、图 6-25。

（1）**体高**——又称鬐甲高，由鬐甲最高点至地面的垂直距离。

（2）**体长**——体长就是体斜长，由肩胛最前缘至坐骨结节后缘的距离。

（3）**胸围**——位于肩胛骨后缘，绕胸一周的周长。

（4）**管围**——大多测左前肢，前肢管骨上 1/3 处（最细处）的水平周径。

（5）**十字部高**——又叫腰高，由十字部到地面的垂直距离。

（6）**腰角宽**——两侧腰角外缘间的距离。

图 6-24　羊体尺测量示意图

1—体高；2—体长；3—胸围；4—管围；5—十字部高；6—腰角宽

图 6-25　羊的体尺测量及记录

3　体尺测量的注意事项

① 测量前一定要校正测量的工具，以确保测量数据的准确性。

② 测量的场地要求平坦，羊的四肢保持自然的站立姿势。

③ 测量体尺时，要让羊保持安静状态，忌讳追赶、鞭打从而影响测量的准确性。

④ 同一个部位最好测量 2～3 次，之后取平均值，以尽量减

小误差。

⑤ 测量数据要准确，操作应该迅速、细心，同时注意测量人员自身的防护和安全，以避免感染人畜共患病。

总之，体尺测量的部位要求准确，操作要规范，以保证数值的准确性。测量时注意羊和人员的安全，防止出现意外事故。整个羊群要求在统一的一个时间段内进行测量。

视频学习

羊体尺分析智能测量器测量羊的体尺详见视频33。

视频33

操作（十四） 通过牙齿鉴定羊年龄技术

以绵羊为例。绵羊的牙齿依据其发育阶段分为乳齿和永久齿两种。幼龄绵羊乳齿共计20枚，随着绵羊的生长发育，将逐渐更换为永久齿。绵羊成年时牙齿（永久齿）可达32枚。幼龄绵羊的乳齿小而白。成年绵羊的永久齿大而略带黄色，上、下颌各有臼齿12枚（每边各6枚），下颌有门齿8枚，最中间的一对叫钳齿，依次向外各对叫内中间齿、外中间齿及隅齿。上颌没有门齿。

绵羊羔出生时下颌即有门齿（也叫乳齿）1对，生后不久长出第二对门齿，生后2～3周长出第三对门齿，生后3～4周长出第四对门齿。第一对门齿（乳齿）脱落更换成永久齿（永久齿大而微黄）时的年龄一般为1～1.5岁，更换第二对门齿时年龄为 1.5~2 岁，更换第三对门齿时年龄为 2~3 岁，更换第四对门齿时年龄为 3~4 岁。4 对门齿（乳齿）完全更换为永久齿后，一般称为"齐口"或"满口"。

4 岁以上的绵羊就要依据门齿的磨损程度鉴定年龄了。一般绵羊到 5 岁以上时，牙齿即出现磨损，俗称"老满口"。6~7 岁时门齿已经有松动、磨损严重的，这时称"破口""漏水"。门齿出现齿缝、牙床上只剩点状齿时，年龄已达 8 岁，此时俗称"老口"。9~10 岁时，牙齿基本脱落了，俗称"光口"。

当然，羊牙齿的更换时间和磨损程度受很多因素的影响。一般早熟品种羊换牙比其他品种的早 6 个月以上完成；个体不同，换牙时间也有差异。此外，牙齿的磨损程度与羊采食的饲料种类也有关，如果长期采食粗硬的秸秆，可使得牙齿磨损更快。

1　通过牙齿鉴定羊年龄操作的准备

鉴定人员必须有丰富的鉴定经验以及生产实践经验，以保证鉴定的准确性。鉴定前最好有羊的牙齿模型、牙齿标本等辅助材料，便于其他人员参考借鉴，便于学习。鉴定人员一定要穿戴整齐，戴口罩、手套，穿好工作服。

2　操作过程

第一步，将羊只妥善保定，保定确实。这有利于保证鉴定的准确性，以及鉴定人员和羊只的安全。

第二步，鉴定者掰开羊的嘴巴，仔细观察需要鉴定羊只的乳齿发育以及替换情况，永久齿的替换及磨损情况，以此来确定羊的大致年龄（见图 6-26）。

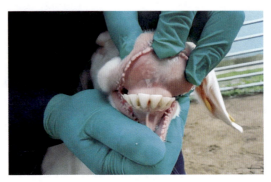

图6-26　通过牙齿更换及磨损鉴定羊年龄

　　羊乳齿长出及更换为永久齿的年龄，可根据表6-4所列内容进行大致判断。

表6-4　通过牙齿判断羊年龄

羊的年龄	乳齿长出、更换及永久齿的磨损	习惯叫法
1周龄	乳钳齿长出	—
1～2周龄	乳内中间齿长出	—
2～3周龄	乳外中间齿长出	—
3～4周龄	乳隔齿长出	—
1.0～1.5岁	乳钳齿更换	对牙
1.5～2.0岁	乳内中间齿更换	四齿
2.5～3.0岁	乳外中间齿更换	六齿
3.5～4.0岁	乳隔齿更换	新满口
5岁	钳齿齿面磨平	老满口
6岁	钳齿齿面呈方形	—
7岁	内外中间齿齿面磨平	漏水、破口
8岁	开始有牙齿脱落	老口
9～10岁	牙齿基本脱落	光口

　　在生产实践中，为方便记忆和更准确地鉴定羊的年龄，劳动人民总结了如下的顺口溜，帮助养羊人对羊的年龄进行判定：一岁半，中齿换；到二岁，换两对；两岁半，三对全；满三岁，牙

换齐；四磨平，五齿星，六现缝，七露孔，八松动，九掉齿，十磨净。

 视频学习

通过牙齿判断羊的年龄详见视频34。

视频34

羊群放牧技术

　　传统的养羊方式是放牧养殖，但由于受到自然条件的限制，现在农区的养羊模式正在悄然发生变化，多由放养变为舍饲。但放养在好多地方，尤其是牧区、山区仍占主体。羊的放牧涉及羊群的组织、牧场（山场）的要求、放牧的队形、四季放牧的要点等问题。只有掌握好相应的放牧技术，才能更好地提高养羊的经济效益。

操作（一）　羊群四季放牧技术

　　放牧养羊既符合羊的生物学特性，又可以节约购买饲草、饲料的费用，减少管理费用的支出，降低养羊成本，增加经济效益。羊长期放牧有助于骨骼和内脏的锻炼，得病少，能增强适应能力。同时，合理组织羊群放牧，还能合理利用牧草和保护植被资源。

　　羊是最适合放牧的家畜之一，传统的养羊方法是四季放牧。农谚常说："赶羊上山转一圈，胜过在家喂半天。"这是千百年来养羊人对养羊方式方法的经验总结。但是，近年来由于羊饲养量的增加，草场牧地的生态资源有恶化的趋势。再加上近些年各级政府采取了各种方法保护生态环境，其中主要的一项就是封山育林或季节性放牧、季节性限牧、限制上山放牧饲养羊只。因此，好多地方羊的饲养方式正逐渐由放牧向半放牧半舍饲、舍饲过渡。

　　放牧技术的好坏和放牧的方法是否得当，是能否养好羊、抓好膘和保好膘的关键。有经验的牧羊人把羊放得膘满肉肥；不会放羊的人，东奔西跑，人累，羊还吃不好。所以放羊要讲究技术，对羊细心照顾，不怕风，不怕雨，勤奋务实，不能偷懒。正如老百姓常说的：你糊弄羊一天，羊糊弄你一年。

1 四季放牧技术及注意事项

羊放牧管理时,往往会出现"夏壮、秋肥、冬疲、春乏"的现象。为了减少自然条件对放牧的影响,应依照当地的地势、气候、草场情况来选择牧地。一般平原地区放牧按照"春洼、夏岗、秋平、冬暖"的原则进行选择;山区放牧按照"冬放阳坡、春放背、夏放岗头、秋放地"的原则进行选择。应根据各种羊所适应的环境以及采食、放牧等特性,在不同的牧场、不同的季节、不同的时间进行有计划的放牧。

(1) 春季放牧技术及注意事项 春季是羊一年中最困难的时期,正如俗话所说:"三月羊,靠倒墙。"羊只经过漫长的冬季,草料匮乏,营养消耗大,体况消瘦,去年秋季在体内积存的营养物质几乎被消耗殆尽,母羊既要怀孕、产羔又要哺乳,体力极度虚弱,护理不当很容易出现问题。再加上春季气温极不稳定,昼夜温差较大,易出现"春乏"现象而造成损失。因此,要想尽办法巧度春荒。

春季气候逐渐转暖,草场逐渐返青,所以春季是羊由补饲渐渐转向全面放牧的过渡期,春季的主要任务是恢复体况。但是,由于绿草刚刚萌发,自远处看是青绿一片了,但到了近处,却发现草很低很矮小,羊根本啃食不上来。于是,羊群便整天东奔西走地追逐青绿色的牧草而吃不饱,从这座山跑到那座山,又从那座山跑向更远的山,总是跑路,结果造成羊体瘦弱,这种追赶青草跑路的现象俗称"跑青",就如谚语所说:"三月是清明,杨柳发了青。牛羊满山跑,专把小草盯。""远看草色一片绿,近看却是光地皮。"所以,春季放牧一定要避免出现这种现象,否则很容易造成羊只走很远的路,却吃不到多少草,非常容易疲劳、腹泻拉稀、瘦弱,尤其是刚刚开始跟群放牧的羔羊和体弱的羊,很容易造成其死亡。

春季放牧要选择地势平坦、缓坡向阳、牧草萌发早的平地或丘陵地，以及冬季没利用过的阳坡地。因为这些地方气候较暖和，积雪融化较早，牧草萌发也早。总结起来，春季放牧要注意以下九个方面的问题：

① 防止"跑青"。民间常有"放羊拦住头，放得满肚油；放羊不拦头，跑成瘦马猴"一说。羊群啃食了一冬天的枯草，到了春季，喜欢为"抢青"而疲于走路。为了避免羊群"抢青"和"贪青"而引起腹泻下痢、身体瘦弱等，可以先在阴坡的枯草地上放牧一会儿，因为阴坡的灌木丛中还有一些被积雪覆盖的树叶和杂草，而且这里温度低，青草长出来晚，能使羊安心吃草。等羊吃到半饱后再赶到青草地上。

② 防止瘤胃臌气。在豆科牧草占比较大的牧场，如果羊采食了过多的豆科牧草，尤其是在牧草较为潮湿的情况下，往往会造成瘤胃臌气。所以，最好在出牧之前先饲喂少量的青草或精料，适量饮水，以防止放牧时抢食大量的豆科牧草引起臌胀。

③ 防毒草。在山区放牧时，牧地上往往有好多毒草混生在牧草中。毒草大多生长在潮湿的阴坡上，放牧时应加以注意。尤其是刚刚开始跟群上山放牧的育成羊，对于毒草的分辨能力差，很容易因食入藜芦、狼毒、毒芹等有毒植物而中毒。因此，放牧人员可根据以往的经验，不到毒草较多的牧地去放牧。

④ 注意防治寄生虫病。春季羊体瘦弱，是寄生虫繁殖滋生的适宜时期。因此，除了妊娠母羊以外，春季羊群要集中驱虫一次。同时，羊圈要勤打扫，保持卫生。

⑤ 掌握好出牧和归牧。春季放牧要特别注意天气变化，注意收听收看天气预报，当发现天气有变坏的预兆时，要及早把羊群赶到羊圈附近或山谷地区放牧，以便风雪来临时随时躲避。根据春季气候特点，出牧宜迟，归牧宜早，中午可以不回圈，让羊多吃一些草。放牧时还要防止发生丢羔现象。如果母羊频频咩叫，很可能是丢羔了，应回去仔细寻找。也可以把羊群赶回到原

来放牧的地方，母羊的叫声也能唤回羔羊。临产母羊放牧时要特别留意，以便产羔后能及时照料。

⑥ 及时补硒补镁。羔羊缺硒，易患白肌病，死亡率高；母羊缺硒易造成胎衣不下。因为硒有助于羊体对维生素 E 的利用。补硒常用亚硒酸钠维生素 E 注射液肌内注射。

镁供给不足，易发生神经性震颤，即低镁血症，俗称"青草抽搐症"。春季牧草含镁量低，可用硫酸镁或醋酸镁 2～5 g 加入水中饮服。其他季节则不必补镁。

⑦ 保证饮水和啖盐。一般羊每吃 1 kg 干料，需要水 2～3 kg。若饮水不足，羊的增膘、繁殖、生长、泌乳等都会受到影响，所以务必供给充足且清洁的水，每天保证饮水两次以上，夏季还要增加饮水的次数。俗话说"草膘、料力、水精神"，说的就是这个道理。饮水可以饮用河水、泉水和井水，但水质要清洁，避免饮沟塘水、死水坑子的水。

啖盐（补盐）不仅能给羊补充钠、氯元素，而且能增加食欲和饮水量。如果缺盐，羊就不爱吃草，就会掉膘，羔羊的生长就会停滞。俗话说："春不喂盐羊不饱，冬不喂盐不吃草，九月喂盐顶住风，伏天喂盐顶住雨。"成年羊每只每天补盐 5～10 g，羔羊 3 g 左右。补盐最好先把食盐略炒一下，再加上一些绿豆等清火解热的饲料共同磨成粉末后喂羊，这既能帮助羊消化，又能增加食欲，上膘快。现在补盐多是把盐砖放在盐槽中或吊在草料槽上，任其舔食（见图 3-2）。

⑧ 及时补喂草料。春季羊的营养状况较差，从冬季补饲向春季放牧转移，需要一段过渡期，并且产冬羔的母羊此时正在哺育羔羊，产春羔的母羊刚刚分娩或正处在妊娠的后期，需要的营养较多，因此除了正常放牧外，每天每只最好补喂干草 0.3～0.5 kg，使其体质健壮，顺利度过春季的枯草期。

⑨ 保持圈舍卫生。要贯彻"无病早防、有病早治、防重于治"

的原则。疫苗的种类很多，要结合当地的疫情合理安排免疫接种。

总之，春季放羊要掌握好勤看、勤数和勤圈的"三勤"原则。注意观察羊只，发现情况及时处理。放牧时，牧羊人大多挡在羊的前面，压住强壮羊，迁就瘦弱羊，决不能让瘦弱羊总是拼命追赶强壮羊，时间长了会被拖死（累死）。

（2）夏季放牧管理　夏季放牧的中心任务是抓膘。夏季草木茂盛，牧草营养价值高，要不失时机地抓好夏膘，促进羊只恢复体力，为秋、冬季满膘和秋季配种打下基础。

夏季一般选择坡度较大、高燥凉爽的山坡或灌木丛生和杂草较多的地方放牧。避免长期在低洼、潮湿的草场放牧。这样一方面可以减少蚊虫的叮咬；另一方面因为气候凉爽，牧草丰盛，羊能够安心吃草，有利于羊群放牧抓膘。中午气温高时，要防止羊"扎窝子"，也就是羊挤成一团，一些羊钻到另一些羊的腹下，不食不动。当发现这种情况后，应立即将羊赶到阴凉的地方休息或采食，这就是"晾羊"。雨后要把羊毛晒干后才能进圈，这样能预防羊生病，并防止脱毛。

夏季白昼的时间长，应尽量延长羊群早、晚放牧的时间，早出晚归，中午可以不赶回圈，可以选择高燥凉爽的地方，或在小溪边放牧，方便饮水，也可让羊群多休息一会儿，每天放牧要保证 10 h，以抓紧时机壮伏膘。

总的来说，夏季放牧要做好以下几点：

① 搞好驱虫。5 月中旬，母羊普遍产羔结束，此时可用驱虫药驱除体内线虫及体外虱、螨、蜱、羊鼻蝇等寄生虫。比如，用阿福丁（虫克星）、阿苯达唑、左旋咪唑、灭虫丁等，剂量可按照说明书使用。如果春季来不及驱虫，则在夏牧前驱虫一次。春季出生的羔羊，可在秋季驱虫。

② 搞好放牧。上午要早出牧，下午可以晚一些出牧，中午多休息。一般天刚刚亮出牧，上午 10 点左右天将热前，让羊放

饱收牧。下午 2 点半左右出牧，晚 7 点收牧。中午 11 点至下午 2 点半把羊赶回圈休息，也可以让羊在凉爽高燥的山坡上卧息。午前放阳坡草质较差的牧场，午后放阴坡草质较好的牧场，采用"满天星"放牧方法，反复驱赶羊群，让羊多吃几遍"回头草"。晴天、热天要选择高燥通风的地方或在树荫处放牧，避免羊挤堆和被蝇、蚊、虻等骚扰。

每天放牧前要给水、给盐。不要让羊在潮湿泥泞处卧息。夏至以后，小雨可以坚持放牧，但尽量避开大雨和暴雨放牧。雨后把羊圈在山坡上，也采用"满天星"放牧方法，让风尽快吹干羊毛，以防生病。伏天要早一点选岗头、风口或山坡放牧，这些地方风大，露水干得快。

③ 晾羊。夏季炎热，羊容易出现"扎堆、扎窝子"现象。这会影响羊的采食和抓膘，甚至造成处在中间的羊窒息而死。当出现扎堆现象时，必须及时驱散。

夏季羊很容易上火发病，晾羊是十分重要的管理方法。晾羊就是把羊群赶到圈外阴凉地方（如小溪旁、河沟边）休息，让羊散发热量（见图 7-1）。收牧后如果立即把羊群赶进羊圈，因为羊跑了很长的路，会感到闷热，也容易得病。中午把羊群赶到家后不要立即赶进圈，要让羊在树荫下风凉一段时间。晚上收牧后把羊赶到运动场，直到傍晚天凉了再赶进圈，也可让羊在敞圈里过夜。

图 7-1　夏季羊群在小河边放牧

④ 做好消毒工作。夏季气温高，潮湿多雨，致病性微生物繁殖快，羊很容易发病。因此，要做好消毒工作。因场所不同，要选择不同的消毒药，下面是一些常见场所的消毒：

a. 羊圈消毒。可选用 10%～20% 石灰乳或 10% 漂白粉或 3% 来苏儿或 5% 草木灰或 10% 苯酚溶液喷洒消毒（见图 7-2）。

图 7-2　羊圈舍的消毒

b. 运动场消毒。可用 3% 漂白粉或 4% 甲醛溶液或 5% 氢氧化钠溶液喷洒消毒。

c. 门道消毒。可用 2%～4% 氢氧化钠或 10% 克辽林喷洒消毒，或在出入口处经常放置浸有消毒液的草垫或麻袋消毒。

d. 皮肤和黏膜消毒。可用 70%～75% 酒精或 2%～5% 碘酒或 0.01%～0.05% 新洁尔灭水溶液，涂擦皮肤和黏膜。

e. 创伤消毒。可用 1%～3% 甲紫或 3% 过氧化钠或 0.1%～0.5% 高锰酸钾溶液，冲洗污染处和化脓处。

f. 粪便消毒。多采用生物热消毒法，即在离羊圈 100 m 以外的地方，把羊粪堆积起来，上面覆盖 10 cm 厚的细土，发酵 1 个月即可。

g. 污水消毒。把污水引入污水处理池，加上漂白粉或生石灰进行处理。

⑤ 药浴。常用的药液有 0.05% 辛硫磷、0.03% 林丹乳油、0.2% 消虫净、0.04% 蜱螨灵和石硫合剂浴液（取生石灰 7.5 kg、硫黄粉 12.5 kg，用水搅成糊状，加水 150 L，边煮边搅，直至煮沸至浓茶色为止，弃去沉渣，上清液为母液，给母液加 500 L 温水，即成药浴液）等。药浴的内容在本书中已有详细的介绍。

(3) 秋季放牧管理　秋季是羊群抓膘（抓油膘）准备越冬的黄金季节，重点是抓好秋膘，为配种和越冬做好准备。要想羊放得膘满肉肥，就必须想尽办法让羊多吃草，少走路，多吃少消耗，这样才能膘肥体壮。俗话说"春放尾巴，夏放肉，到了秋天就放油""夏季抓肉膘，秋季抓油膘，有肉又有油，冬春不发愁"就是这个道理。

秋季以后天气逐渐变凉，秋高气爽，雨水减少，蚊蝇较少，此时正值牧草开花、结实期，营养丰富。各种植物的籽实逐渐成熟，正是"立秋之后抢秋膘，吃上草籽顶好料"的大好季节，羊吃了含淀粉多、脂肪多、易消化的鲜嫩牧草和籽实后，能在体内积存脂肪，促进上膘，为越冬和度春打好基础。

经过夏季放牧以后，羊的体况明显恢复，精力旺盛，应尽量利用距离比较远的牧地，活动量可以适度大一些。要充分利用农作物收获后的茬地放牧。茬地利用时间虽短，但收过庄稼的田里往往遗留少量的粮食，可以让羊拣干净田间残留的粮食籽粒。这时放羊要松一些，不要圈得太紧，也就是常说的"九月九大撒手"。晚秋时已经有了早霜，羊群最好晚出晚归，中午继续放牧。总的要求是做到以下几点：

① 尽量延长放牧时间。初秋早晚凉爽、中午热，要晚出牧、晚收牧。晚秋放牧，应当到牧草长势较好的向阳坡地放牧，尤其是山区。要少走路、多吃草。放牧时，先放阴坡后放阳坡，先放沟底后放沟坡，先放低草后放高草。

② 做到"四稳"。"四稳"即出入圈门稳、放牧稳、归牧稳、

饮水喂料稳，严防因拥挤或剧烈活动而造成妊娠母羊流产。

③ 做好越冬前的准备工作。羊舍要检修，露天圈要搭棚苫草，利于保暖。

④ 防止流产。喂盐时要先饮水，防止妊娠母羊喂盐后饮水过量造成"水顶胎"而发生流产。

⑤ 做好配种工作。大多数品种的羊是季节性发情的，多在秋季发情配种。因为秋季母羊膘情好，排卵多，发情也正常，且易受胎，更有利于胎儿发育，所以要抓好母羊配种，提高受胎率和产羔率，以做到抓膘、配种两不误。一般秋季配种，春季产羔，以8～9月份配种为宜，来年2月产羔，这样母羊产后就能很快吃到青草。

⑥ 做好防疫工作。秋季是羊各种疾病多发和流行的高峰季节。因此，秋季应对羊群进行一次驱虫，同时注射有关的疫（菌）苗，以预防传染病发生。保持羊舍内干燥清洁，经常刷拭羊体，促进血液循环，增强抗病能力。秋季尤其要防止羊吃到较多的再生青草，如高粱或玉米的二茬苗（见图7-3），防止氢氰酸中毒。

图7-3　高粱的二茬苗

（4）**冬季放牧管理**　冬季放牧的主要任务是保膘、保胎，确保羊只安全越冬。冬季气候寒冷，草枯叶干，树木凋落，牧草营养价值又比较低。放牧时应选择地势较低、背风向阳、积雪较少的牧地，不要走得过远。俗话说"冬前冬后，羊圈左右"就是这个道理。冬季除了风雪天之外都要外出放牧，以锻炼羊只的耐寒能力。

冬季牧场常感到不足，应尽量节约牧地。放牧的原则是：先远后近，先阴后阳，先高后低，先沟后平，晚出晚归，慢走慢游。同时，冬季还要适当补饲，但补饲不可骤然改变，要逐渐进行，以免引起便秘或腹泻。冬季放牧可以采取顶风放顺风归的方法，让羊走暖和以后再吃草，要饮温水。同时要保持圈舍的温度，尽量让羊有一个舒适的生活环境。总之，冬季放牧要注意以下几点：

① 提前检修圈舍。冬季北方地区气候寒冷，常常出现寒流，此时最容易诱发羊呼吸道和消化道疾病。所以要堵死墙壁裂缝，防止贼风侵袭；圈舍门口挂上门帘，开放或半开放的圈舍，最好覆盖上塑料薄膜，以提高圈舍内的温度。羊舍的温度起码应保持在 $0℃$ 以上。凌晨，如果发现羔羊卧在大羊身上或羊只出现扎堆现象，表明舍内温度低。羔羊舍要安装取暖设备。

② 防止料水结冰。最好喂给干料、温水，井水可以放在室内预温。饲喂粥料时，要尽量加热喂给。各种饲料都要防止结冰。严寒季节，青贮饲料最好在中午时间段喂给。

③ 重视消毒工作。羊场门口消毒池里的消毒液要保持足够的液面深度，也可以将麻袋片浸足消毒液，铺在消毒池内，进出的人员、车辆、用具，都必须在消毒池内通过。

④ 注意舍内通风。在做好保暖工作的同时，很多养羊场往往忽略了舍内的通风管理，这很容易导致疫病的流行。封闭良好的圈舍，每天都应有 $2\sim3\ h$ 的通风时间，可以选在每天的

13:00～15:00 打开前窗和门口的门帘通风换气。

⑤ 合理放牧饲养。初冬，一部分牧草还未枯死，这时要抓紧放牧，注意抓住晴天中午暖和的时间放牧，让羊尽量多采食，但不要让羊吃到霜冻的草和喝冰水，这段时间若羊不能吃饱，回栏后要进行补饲。

⑥ 精心补饲。冬季气候寒冷，羊体的热消耗大，加上绝大多数母羊此时又处于妊娠阶段，所以要特别注意加强饲养管理，除了保证羊的青干草和秸秆类饲料外，还要给羊补充一部分玉米、麦麸等精饲料，并注意羊舍的干燥保暖，使羊不掉膘或少掉膘。

⑦ 抓好保胎。冬季绝大多数母羊处于妊娠期，放牧时不要让妊娠母羊吃到霜冻和带有冰雪的草。还要防止因打架、冲撞、挤压、跌倒而引起的流产。公、母羊要分开饲养。多给母羊喂精饲料和加盐的温水，并注意抓好空怀母羊的配种工作，以增加经济效益。

⑧ 抓好栏舍卫生和疫病防治。羊喜欢干燥厌恶潮湿，怕贼风。所以冬季羊舍要避风、干燥，要时刻保证羊体表的清洁卫生，抓好羊痢疾、羊感冒等病的防治。冬季可进行驱虫工作，且冬季驱虫效果更好，被驱除的虫体排到外界后，在寒冷的冬季，幼虫和虫卵会被冻死，这样驱虫就比较彻底、干净。

⑨ 进行整群及处理好林牧关系。秋末冬初，对于老弱羊和营养太差的羊进行适当淘汰，要重新组群。进入冬季有必要进行一次修蹄，修理畸形蹄和过长蹄，以利于冬季登山扒雪寻食。

羊属于食草动物，喜欢青草、树叶和啃食嫩枝条，对树木有一定的损害（尤其是幼树），这与林业发展就发生了冲突。解决的方法有：

第一，统一规划林地、牧地，定期互换。在山区划出一定的林地和牧地。林地实行封山育林，牧地放羊，等到林地的树木长大，不至于被羊破坏时（一般约需要 5 年），再开坡放牧。同时再把牧地转为林地，实行封山育林。育林地区要远离牧区。要采取快速育林措施，划片造速成林，缩短林牧地轮换时间。

第二，建立和完善养羊护林措施。对幼龄羊进行去角，对树干进行涂白。训练羊改掉啃树的坏习惯。选择无角品种的羊进行养殖。

2　放牧基本要求及技巧

经过千百年来的实践，一代代牧羊人不断积累经验，总结出了好多非常实用的养羊技巧，并且总结出了一系列的谚语。例如，按照季节要"春放阴，夏放阳，七、八月放沟塘，十冬腊月放撂荒"，在放牧时间上要"晚放阴，早放阳，中午山岗找风凉"。有地方则说："放羊不要早，多放中午蔫巴草。"还有的说："日头一压山，羊儿吃草欢。"当夕阳西下的时候，天气凉爽，羊儿感觉到要收牧了，会拼命吃草。牧羊人要尽量利用这段时间，让羊多吃一会儿草。放牧时间一定要充裕，"若想羊吃饱，必在时间上找""早上把羊撒，不饱不回家"，这些都是有经验的牧羊人总结出来的放羊经验。

放羊要讲究"羊吃回头草"和"羊不吃回头草不肥"。羊都愿意抢吃新鲜草，脚步也快，专门挑选好草吃，很多质量差一些的草都被剩在了牧地，久而久之，牧地上质量差的草越来越多，这对于牧地的保护非常不利。而且羊是"吃肥走瘦"的家畜，走长途对于羊的生长发育很不利，所以一定要让羊吃回头草，也就是在牧地上让羊来回吃两遍。多训练几次以后，羊也会把质量差的草吃掉。另外，早晨露水大，放头一遍还有蹚掉牧草上的露水的作用，这时吃回头草就显得更为重要了。但是，在同一块牧地上放牧时间太长也不好，时间长了牧草受到粪尿的污染，有了异味后羊就不爱吃了，而且长时间的踩踏会影响牧草的再生能力，因此也要适时更换放牧地点，"在熟地上放不好羊"就是这个道理。

山区放牧最好不要去太陡峭的高坡，主要是怕陡坡上的植被被羊破坏，不利于水土保持，再就是怕不善于爬山的羊发生危险。放牧时要"盘道上山，顺垄入地"，因为顺垄沟入地，羊不必过多地折返；盘山道上山，羊边走边吃，不费力气就到了山顶了。总之，不论什么季节，也不论什么品种，放牧的基本要求可归纳如下：

(1)"三勤、四稳、四看" 所谓"三勤"，就是腿勤、手勤、嘴勤；"四稳"就是放牧稳、出入圈稳、走路稳、饮水喂料稳；"四看"是看天气、看草、看水、看地形。其中以放牧稳最为重要。放得稳则少走路、多采食，能量消耗少，羊膘情就好，所以放牧稳是增膘的关键。正如俗话说："走慢、走少，吃饱、吃好。"

(2)学会领羊、挡羊、喊羊、折羊

① 领羊。领羊就是人在羊群前慢走，羊群跟着人走，主要用于放牧饮水和归牧。

② 挡羊。挡羊就是人在领头羊的前面来回走动，使羊群徐徐向前推进，主要用于牧地、河边、田地边放牧，控制羊群不乱跑。

③ 喊羊。喊羊就是放牧时呼喊口令，使落后的羊跟上队，抢先的羊缓慢前进，控制羊与羊之间的距离，使羊尽量聚集在一起。在路边和河边放牧时，要控制好羊群前后的距离（见图7-4）。喊羊主要用于牧地放牧，或在羊与羊之间距离过远时，防止因羊强弱不同，造成采食不均，体力消耗差异过大。

图 7-4　冬季羊群在路旁河边放牧

④ 折羊。折羊就是改变羊群前进的方向，把羊群拨向既定的牧地或有水源的地方。如果放牧时不善于折羊，则羊群的走动极不稳定，时而围绕成圈，时而前时而后，时而分成几段，常使羊群处于被追逐的状态。因此，放牧人员必须勤挡稳放，控制好羊群的前进方向。

(3) 有计划地训练、调教羊　羊属于活泼型的牲畜，反应灵敏，且合群性好，便于调教，落单后常常咩叫不已。羊群中总有一只"头羊"领路，所以，必须训练好"头羊"。正如俗话所说："车不离轴，羊不离头。"

(4) 建立指挥羊群的口令　通过长期的训练，让羊群理解牧羊人的固定口令。选口令时应注意语言配合固定的手势，不可随意改变，否则指挥口令发生混乱，影响羊群条件反射的建立。

(5) 训练牧羊犬　有的牧羊人通过训练牧羊犬来放牧羊群。牧羊犬的选择可以根据自己的实际条件，实际上就是当地的土种犬类也可以。通过手势、语言、动作等把牧羊人的指令传达给牧羊犬，让牧羊犬辅助牧羊人放牧，这对于放牧人员非常有帮助，能节省很多体力，且效果很好。

总之，在放牧技术上要想尽一切办法让羊多吃草、少走路、多摄取营养、少消耗营养，只有这样才能使羊增膘复壮，才能多产肉、多出产品，一定不要让羊"吃肥了"却"走瘦了"。

综上所述，对于以放牧为主的羊群，一年四季的饲养管理要点是不同的，要求饲养人员要抓住每一季的重点问题，以便能提高养羊的经济效益，熟练掌握放牧的技巧。

视频学习

奶山羊放牧听从口令详见视频 35，训练牧羊犬听从口令协助放牧详见视频 36。

视频 35   视频 36

操作（二） 放牧队形选择技术

要想羊肥体壮，就要多采食，并采用适当的放牧队形，否则会出现有的羊吃不饱、有的羊只能吃劣质草的不平均现象。放牧的队形应根据各个季节牧草的厚薄、优劣，牧场面积的大小，地形和植被状况的不同而灵活掌握。总的目的就是要控制羊群的走动、休息、采食时间，充分利用好牧场资源。总之，放牧队形要灵活运用，在牧地上放牧的羊群也不宜控制得太紧，要"三分由羊，七分由人"。

在放牧操作的过程，可根据牧场的具体条件，如面积的大小、牧草质量的好坏、植被的状况等，采取下列方式进行放牧：

1 横列式队形（俗称"一条鞭"队形）放牧

此队形就是羊群进入牧地排成"一"字形横队，牧羊人在羊群前面拦挡身体强壮的羊，等待后面体弱的羊，控制羊群前进速度，并左右移动、稳步缓慢后退，从而使羊群缓慢前进，齐头并进地前进。早晨刚出牧时，羊群急于采食，前进的速度较快，这时要压住"头羊"，控制羊群的速度和方向。羊群在横队里可以有3～4层，不能过密，否则后面的羊就吃不到好草。放牧一段时间后，露水消失了，羊群的前进速度会自动慢下来，这时要让羊群安静采食，不要打扰。等到羊吃饱以后，可以就地休息（见图7-5）。

图7-5　"一条鞭"放牧队形示意图

"一条鞭"队形适用于牧地宽阔、平坦，植被较好，牧草分布均匀的草地。俗话说："挡羊常用一条鞭；春放一条线，夏放一大片。"这种队形能使各种羊都吃上优质草，可使羊少走路、多吃草。春季采用这种队形，可防止羊群"跑青"。

2 散开队形（俗称"满天星"队形）

这种队形就是将羊群散布在一定区域内，就像天上的星星一样，让其均匀散开，散成一片，自由采食。放牧人员监视羊群不使其越界或过于分散，直到牧草采食完以后，才转移到新的牧地上。

羊群散开面积的大小，主要取决于植被的密度。在牧草密度大、产草量高的牧地上，羊群散开的面积就小一些，反之则大一些。在山区采用此队形放牧时，放牧员可以站在高处指挥，喊口令把羊轰回来，也可将石块或土块扔投在羊的前面，把羊撵回来，或者命令牧羊犬将羊拦回来，从而控制羊群（见图7-6）。

图 7-6　"满天星"放牧队形示意图

"满天星"队形适合于夏季或牧草较优良的牧场，或者是牧草稀疏不均匀的草场，如高山牧场、地势不平的丘陵地。如果牧草丰富且优良，羊群散开后随时都可以采食到好的牧草；反之，如果牧草普遍不良，控制羊群也无益处，不如自由采食反而能吃到更多的牧草。采用这种队形，可以减少羊群的游走距离，但要求放牧员勤看管，防止羊只分散、离群。

3 "簸箕掌"队形

这种队形就是牧羊人站在羊群中间挡羊，让羊群缓慢前进，逐渐使羊群中间走得慢、两边走得快，边走边吃，形成"簸箕掌"式队形（见图7-7）。

图 7-7 　"簸箕掌"放牧队形示意图

4 "一条龙"队形

"一条龙"队形是一种纵队形式,在农区运用非常广泛,各个季节都适用。一般由坡下向坡上放,或由坡上向坡下放,在田间地埂放牧,以及在比较狭窄的陡坡放牧时多采用此方法。放牧人员在山坡地边儿,观察羊群的采食情况,控制好羊群。如果牧羊人是两个,一般是在羊群的前、后各一人,如果在田间放牧,可以在羊群的左、右各一人(见图 7-8)。

图 7-8 　"一条龙"放牧队形示意图

　　总之，放牧队形要灵活运用，能够根据具体情况，如牧地的地形、放牧季节、羊群大小、牧场草量的多少等选择不同的放牧方法。对于牧地上的羊群不宜控制得太紧，要"三分由羊，七分由人"。不管采用哪种方式放牧，都要按时给羊饮水，定期喂盐，经常数羊。饮水要清洁，不饮池塘死水。饮水次数随季节、气候、牧草含水量的多少而有差异。四季都必须喂盐，若羊流动放牧，可间隔 5～10 d 喂盐 1 次。为了避免丢羊，要勤数羊。俗话说："一天数三遍，丢了在眼前；三天数一遍，丢了找不见。"每天出牧前、放牧中、收牧后都要数羊。

　　四种放牧队形各有优缺点，这四种放牧队形的比较见表 7-1。

表 7-1　四种放牧队形的比较

队形类别	队形含义	优点	缺点/注意事项	适合的条件	提示建议
"一条鞭"	羊群排成"一"字形横队，放牧员挡在羊群前面	这种队形能使羊都吃上优质草，可使羊少走路、多吃草		适用于牧地宽阔、平坦，植被较好，牧草分布均匀的草地。春季采用这种队形，可防止羊群"跑青"	羊群在横队里可以有3～4层，不能过密，否则后面的羊就吃不到好草
"满天星"	羊群像天上的星星一样散布在一定区域内，放牧人员在一旁监视羊群	采用这种队形，可以减少羊群的游走距离	放牧员必须勤快，认真看管，防止羊只分散、离群或分成若干个小群	适合于夏季或牧草较优良的牧场，或者是牧草稀疏不均匀的草场，如高山牧场、地势不平的丘陵地	羊群散开的面积大小，主要取决于植被密度。在山区放牧时，放牧员可以站在高处指挥，控制羊群

续表

队形类别	队形含义	优点	缺点/注意事项	适合的条件	提示建议
"簸箕掌"	放牧员站在羊群的中间挡羊，使羊群中间走得慢、两边走得快，形成"簸箕掌"式队形	放牧员能较好地控制羊群前进的速度。羊群缓慢行走，边走边吃，有利于羊只的采食			注意控制两边的羊行走的速度
"一条龙"	"一条龙"队形是一种纵队形式。放牧人员在山坡地边儿，观察羊群的采食	放牧人员在山坡地边儿，观察羊群的采食情况，有利于控制好羊群	放牧人必须精心看护羊群，免得糟蹋庄稼	适合于在农区放牧，适用各个季节。适合于田间地埂放牧，以及在比较狭窄的陡坡放牧	如果牧羊人是两个人，可以一前一后，或者一左一右。如果牧羊是一个人，照看起来比较吃力

视频学习

放牧羊群的队形详见视频37、视频38。

视频 37　　　　视频 38

不同类型羊的饲养管理技术

羊的类型不同，生长发育的阶段不同，其饲养管理的方法往往有很大的差异，技术要点也不一致。合理的饲养管理对羊的生长发育至关重要，因此，养殖技术人员一定要掌握好相关的知识及操作要领，以便获得良好的经济效益。下面分别从种公羊、繁殖母羊、羔羊、奶山羊等几种类型的羊的饲养管理，以及羔羊和成年羊育肥技术等几个方面进行叙述。

操作（一）　种公羊饲养管理技术

俗话说："母羊好，好一窝，公羊好，好一坡。"由此可见种公羊对于羊群品质和生产水平的提高，以及对羊群的改良有着极其重要的作用。种公羊应常年保持中上等膘情，保持健壮的体魄、充沛的精力、旺盛的性欲、良好的配种能力、优良的精液品质和较长的利用年限。但种公羊也不要过肥，过肥多半是由于饲养不当和缺乏运动造成的，这会引起公羊配种能力降低，精液的品质下降。

种公羊的饲养管理，包括配种期和非配种期两个时期。无论哪个时期都应该使其保持中等以上的体况。种公羊的饲料要求营养价值高，日粮必须含有丰富的蛋白质、无机盐和维生素，特别是维生素 A、维生素 D 等。蛋白质能影响种公羊的性机能，饲喂含蛋白质的饲料，能使种公羊的性机能旺盛，精液品质良好，母羊的受胎率提高；钙、磷等是形成精液所必需的矿物质，故在配种期常常给种公羊补饲牛奶、鸡蛋、骨粉等。

种公羊的饲养管理最好采用放牧和舍饲相结合的方式，在青草期以放牧为主，在枯草期以舍饲为主。放牧的牧场应选择优质的天然或人工草场。种公羊要单独组群和放牧，放牧时距离母羊要远，严防混群偷配。尽量防止公羊之间互相角斗及爬跨。每天要饮水 2～3 次，要有专人管理。羊舍、运动场、羊体要保持清洁卫生。经常观察种公羊的采食、饮水、运动及粪尿的排泄等情况，保持饲料、饮水、环境的清洁卫生，注意合理使用。总之，在饲养管理上应做到：

第一，饲料要多样化，精、粗饲料搭配合理。日粮必须含有丰富的蛋白质、维生素和矿物质以及较高的能量。饲料要求品质好、易消化、适口。粗饲料有苜蓿干草、禾本科干草等，精饲料有豆饼、玉米、高粱、大麦、麦麸等，多汁饲料有胡萝卜、甜菜等，还有青贮饲料。种公羊日粮营养要长期稳定。

第二，必须有适度的放牧和运动时间，单独组群或放牧。每天驱赶其运动 2 h 左右。公羊运动时应将快步驱赶和自由行走相交替，使羊体皮肤发热而不致喘气为宜。这样可以提高精子的活力，并防止种公羊过肥。

种公羊饲养管理技术主要包括以下三项内容：种公羊引进技术、非配种期种公羊饲养管理技术和配种期种公羊饲养管理技术。

1 种公羊引进技术

由于我国一些地方品种羊的生产性能还不足够突出，因此需要从国内或国外引进一些优良品种来改良当地的地方品种。但是，无论什么品种的羊，也无论性能有多么优秀，都需要在适宜的生态条件、合理的饲养方式和充分满足营养等条件下才能发挥出其生产潜力来。因此，各地在引种时一定要充分考虑这些因素，不能盲目引种，以免造成不必要的损失。

（1）要从种羊场引进　种羊引种时，要求从种羊场引种，还要有专业技术人员做好实地调查，并进行慎重的个体选择，搞清楚血缘关系。购入的种羊之间要求没有血缘关系。还要考察引入种羊的亲代无遗传缺陷，购种羊时应带回种羊的血统卡片保存备用。

（2）引种要考虑不同品种的生物学特性　不同生产方向的品

种具有不同的生物学特性，这种特性常与当地的自然生态环境相适应。比如，绵羊适合干燥气候条件，抗寒能力强，厌恶湿热，喜欢吃小禾本科和杂草类，放牧性强，因此我国北方草原牧区适宜绵羊生产。山羊的特性是活泼好动，耐粗饲，喜食灌木，善于爬山，对湿热环境有一定的适应性，因此，以灌木为主的草地和亚热带山区适宜山羊生产。

(3) 引种要考虑季节 引种调运最好在秋季，因为秋季气候相对温和，不冷不热，饲草充足，羊通过夏、秋季节的放牧，膘肥体壮，身体的抵抗力比较强，不容易得病，有利于种羊的运输。其他季节一般都不调运羊只。因为春季羊的膘情差，各种疾病容易发生；夏季炎热；冬季寒冷。

(4) 引种要考虑年龄 引进的种羊以 1~3 岁为好。若年龄偏大，对新的环境适应较慢，种用的年限也短；若年龄过小，比如刚断奶或尚未断奶的羊，由于对新的环境不能适应，很容易患病死亡。再就是，引入月龄较小的羊长时间不能利用，增加了饲养成本。

(5) 正确管理引进的种羊

① 检疫和隔离。引入的种羊要严格执行防疫检疫制度，切实做好种羊的检疫，严格进行隔离观察，防止疾病传入。为了解决水土不服的问题，可以携带适量的原产地的饲料，以便在运输途中和到达目的地后饲喂一段时间，以减少种羊的应激反应。

② 运抵目的地后的管理。种羊经过长途运输到达目的地后，一般都很疲乏，首先应适当休息，然后再饮水和饲喂。饮水中最好放一些清热解毒的中药和适量的盐，让羊饮用，这有利于羊体力的恢复。引进的种羊要隔离观察一段时间，如果没有发病或经过检疫后无病原体存在，再经过免疫和驱虫后，才可以和其他的羊混群饲养或放牧。在饲养管理的方式上应尽可能做到与原产地一致。引种的第一年最关键，要根据原来的饲养习惯，创造一个

良好的生活环境。

2 非配种期种公羊饲养管理技术

此期以恢复良好的体况为目的，放牧为主、补饲为辅。

（1）饲养技术

① 非配种期持续的时间很长，将近 10 个月。此期应逐渐降低日粮的营养水平，逐步减少精料的供给量。非配种期虽无配种任务，但该期的饲养直接关系到种公羊全年的膘情以及配种期的配种能力和精液品质。

② 在冬、春季节（11 月份至第二年 5 月份）除了放牧外，每天每只应供应混合精料 0.4～0.6 kg，玉米秸秆等其他饲料任羊自由采食。因为这期间牧草枯萎，放牧时间短，采食量少，很难满足种公羊的营养需要，应进行较高营养水平的补饲。夏季以放牧为主，每天每羊补饲少量的精料，饮水 1～2 次。临近配种期时，应增加精料量。

③ 坚持以放牧为主、补饲为辅的原则。常年补饲骨粉和食盐。一般每羊每天补饲食盐 5～10 g，骨粉 5 g。

④ 在配种结束的 1.5～2 个月，种公羊的日粮应与配种期保持一致。因为配种结束后，种公羊的体况都有不同程度的下降，这样做的目的是使体况很快恢复，然后逐渐转为非配种期的日粮。

（2）管理技术

① 保持种公羊舍的通风、干燥和环境安静，并远离母羊舍，以减少发情母羊对种公羊的干扰。

② 坚持每天放牧，坚持运动。做到"三定"（定时间、定距离、定强度），每天要保证大约 2 h 的运动时间和 3～5 km 的运动距离。

③ 专人饲养，以便熟悉种公羊特性，建立条件反射和增进

人羊感情，促进人羊亲和。

④ 种公羊要单独饲养，以避免相互爬跨、打架及角力消耗体力，甚至受伤，使其保持充沛的体力和旺盛的性欲。如果是青年种公羊，可以将几只公羊暂时饲养在一个圈舍（见图 8-1）。

图 8-1　种公羊圈舍

⑤ 对待种公羊要耐心，严禁粗暴。应经常观察种公羊的采食、饮水、运动以及排粪、排尿情况。

3 配种期种公羊饲养管理技术

种公羊的配种期一般为 2 个月，这一时期种公羊最消耗营养和体力，要求在搞好放牧的同时，给种公羊补充富含蛋白质、维生素和矿物质的混合精料及优质干草。

（1）饲养技术

① 配种期注意补充蛋白质饲料。日粮要全价，适口性要好，特别是蛋白质不仅要充足，而且质量要好，以保证种公羊的性机能旺盛，射精量多，精子的活力强、密度大，使母羊的受胎率高。精料量每日约 0.7～0.8 kg，鸡蛋 2～3 个，骨粉 10 g，食盐 15 g。

② 饲草的要求。配种期种公羊不爱吃草，可以喂一些适口性较好，营养价值较高的白薯秧、花生秧、榆树叶等。

（2）管理技术

① 对于小公羊要及时检查生殖器官。如果有小睾丸、短阴茎、隐睾、独睾、附睾不明显、公羊母相的，要予以淘汰。

② 合理配置公母羊的比例　为了保证种公羊的体况，延长其利用年限，公母羊比例要合适。在公、母羊混群饲养自由交配时，一般公母比例，绵羊为 1：（20～30），山羊为 1：（30～40）；在公、母羊分群饲养时，一般成年公羊每天交配 1～2 次，间隔 8 h 左右，以便公羊有足够的休息时间。配种要适度，以每天1～2 次为宜，旺季可每日配种 3～4 次，但要注意连续配种两天后要休息一天。

③ 要经常给种公羊刷拭体表，每天 1 次。定期修蹄，每季度 1 次。种公羊的利用年限一般为 6～8 年。

总之，做好配种期和非配种期种公羊的饲养管理，可以提高其繁殖力和延长其利用年限。同时，注重种公羊的引进，使其能尽快适应新环境，从而达到改良当地品种的目的。

视频学习

种公羊饲养管理技术详见视频 39。

视频 39

操作（二）　繁殖母羊饲养管理技术

繁殖母羊的饲养管理可分为空怀期、妊娠期和哺乳期三个阶段。在不同生产阶段，饲养管理的方法是不一样的。总的原则：

在母羊繁殖期间，饲料的种类要多样化，日粮要符合羊的生理特点，并注意维生素 A、维生素 D 及矿物质铁、锌、锰、硒等的补充，使母羊保持正常的繁殖机能，减少空怀和流产现象的发生。

1 空怀期母羊饲养管理技术

(1) 空怀期的确定及主要任务

① 空怀期的确定。空怀期是指从羔羊断奶至下一期配种前 1～2 个月这段时间。母羊空怀期因各地产羔季节不同而不同。产冬羔的母羊一般 5～7 月份为空怀期；产春羔的母羊 8～10 月份为空怀期。

② 空怀期的主要任务。空怀期的主要任务是恢复母羊体况，为其提供良好的营养。因为空怀期母羊的营养状况直接影响到下一期的发情、排卵及受孕情况。营养好、体况好，则母羊排卵数多。对于 1 岁的母羊，因为自身还要继续发育，再加上哺育羔羊的营养需要，所以对营养物质的需求比经产母羊要高。

空怀期母羊正处在青草季节，不配种也不怀孕，营养需要量低。只要抓紧时间搞好放牧，即可满足母羊的营养需要。但在母羊体况较差或草场植被欠佳时，应在配种前 1～1.5 个月对母羊加强营养，提高饲养水平，使母羊在短期内增加体重和恢复体况。可采用延长放牧时间和适当补饲精料的方法。

(2) 空怀期母羊的饲养管理 　加强繁殖母羊空怀期的饲养管理，对于提高母羊的繁殖力十分关键。此期要做好以下工作：

① 保证繁殖母羊中等以上体况。该阶段的饲养任务是使母羊尽快恢复中等以上体况，以利于配种。根据多年的饲养经验，中等以上体况的母羊受胎率可以达到 80%～85%，而体况差的只有 65%～75%。因此应根据哺乳母羊的体况进行适当的补饲和羔羊的适时断奶。

② 提高受胎率和双羔率。在配种前的一个半月，应加强繁殖母羊的饲喂，选择牧草丰盛的牧地放牧，延长放牧时间，使母羊尽可能多地采食优质牧草。

③ 促进体况较差的母羊发情。可通过补饲来调整母羊体况，每天可补给优质干草 1～1.5 kg，青贮饲料 1.5 kg，精饲料 0.3～0.5 kg，并补给适量的羊用复合维生素及矿物质添加剂，力求羊群膘情一致，发情集中，便于配种和产羔。

2 妊娠期母羊饲养管理技术

母羊妊娠期大约为 5 个月，可分为三个阶段。其中前 2 个月为妊娠前期，第 3 个月为妊娠中期，最后 2 个月为妊娠后期。

（1）妊娠前期饲养管理技术　妊娠前期通过放牧即可满足母羊的营养需要，或稍加补饲。因为此时胎儿尚小且发育较慢，又恰好处在牧草、籽实成熟的时间段（秋季配种）。

（2）妊娠中期饲养管理技术　随着天气逐渐寒冷，水凉草枯，胎儿生长速度也逐渐加快。妊娠中期每天可补饲优质干草 1.5～2.0 kg，并补饲精料 0.2 kg。

（3）妊娠后期饲养管理技术

① 饲养技术。妊娠后期一般母羊要增加 7～8 kg 的体重，除了维持自身的营养需要外，还要供给胎儿所需的营养物质，羔羊出生时体重的 70%～80% 是在妊娠后期增长的。因此，妊娠后期单靠放牧是不够的，必须给予补饲。每天可补饲优质干草 2.5 kg，精料补饲 0.3～0.4 kg。有条件的可补喂胡萝卜等块根块茎类饲料 0.3～0.5 kg。另外需补饲食盐 10～15 g，骨粉 10 g 左右。

② 管理技术。妊娠后期母羊管理的中心任务是保胎。不要让羊吃霜冻草或发霉饲料，不饮冰碴水，严防惊吓、拥挤、跳沟和疾病发生。羊群出牧、归牧、饮水、补饲时，要慢而稳，羊舍

保持温暖、干燥、通风良好。

第一，禁止饲喂腐败、发霉和冰冻的饲料。

第二，放牧时应避开霜雪和冷露，早上出牧晚一些，最好饮温水。

第三，出入羊舍切忌拥挤，避免爬沟越坎，以免流产。

第四，羊舍要干燥、温暖，不应有贼风。

第五，母羊在临产前1周左右，不得远牧，应在羊舍附近做适量运动，以便分娩时能及时回到羊舍。

3 哺乳期饲养管理技术

(1) 哺乳期母仔管理方式　哺乳期母仔羊的管理可采用母仔混群管理和母仔分群管理两种方式。生产实践证明，以母仔分群管理方式为好。

① 母仔混群管理。在母羊分娩后1个月之内，羔羊与母羊在舍内混群饲养。待天气逐渐暖和时，羔羊再跟随母羊合群到野外放牧。此管理方式一般适用于规模较小的养羊户（见图8-2）。

图 8-2　母仔混群管理

② 母仔分群管理。此管理方式主要从以下几个方面考虑：

第一，分娩后母羊留圈带仔饲养3～5 d，之后母仔分群（小群）（见图8-3），母羊定时给羔羊哺乳，羔羊留在圈舍内培育。

3～5 d 之后，白天母羊在圈舍附近的牧场出牧，早、中、晚分别定时给羔羊哺乳 1 次。

图 8-3　母仔小群分群管理

第二，羔羊留在羊舍内，训练开食，补饲草料。

第三，羔羊在舍内饲养 1 个多月后，等到能全部采食饲草饲料时，再单独组群到野外去放牧。

这种管理方式的优点是：

首先，放牧时母羊不恋羔、羔羊不思母。母羊可以去远处草质好的牧地，有充足的吃草时间，能增加营养，促进增重和提高泌乳量。

其次，由于母羊早、中、晚分别定时给羔羊喂 1 次奶，促使羔羊定时一次性吃饱奶（尤其是对泌乳量不足的母羊更为有利），其余时间安心采食草料，控制了羔羊随时随地只想吃奶而不愿采食草料的不良习惯，有利于羔羊的生长发育。

再次，可以避免母仔合群放牧的弊病发生，即羔羊因跟不上母羊而拼命奔跑，疲劳时就趴卧地上；母羊恋羔心切，既不能远走，又影响其安心采食，长此下去既影响母羊抓膘催乳，又容易拖垮羔羊。

最后，由于母羊与羔羊接触少了，减少了寄生虫和传染病的感染机会，可保证羔羊健康成长。

如果农户养羊的数量少，羔羊数量也少，不能单独组群放牧，可采取几户联合的办法，就是把几家的少数分娩母羊和哺乳羔羊，分别组成母羊群和羔羊群进行放牧。

(2) 哺乳期母羊的饲养技术　母羊产羔后即开始哺育羔羊，母羊哺乳羔羊的时间一般为3～4个月。此期可分为哺乳前期（哺乳的前1.5～2个月）和哺乳后期（哺乳的后1.5～2个月）。

哺乳前期的母羊正处在枯草期或青草刚刚萌发的时期，单靠放牧满足不了其营养需要。因此，对于哺乳前期的母羊，要求以补饲为主、放牧为辅。哺乳后期的母羊，泌乳能力下降，即使增加补饲量也难以达到泌乳前期的泌乳水平。而此时羔羊的胃肠功能也趋于完善，可以利用青、粗饲料，不再主要依靠母乳而生存了。因此，对哺乳后期的母羊，应以放牧采食为主，逐渐取消补饲。若处于枯草期，可适当补喂青干草。

① 母羊补饲。母羊补饲的重点在哺乳前期。因为羔羊出生后的前几周主要依靠母乳。如果母乳充足，羔羊生长发育就快，抵抗疾病的能力也强，成活率就高。

② 给母羊提供丰富而又完善的营养。应补饲品质好的优质嫩草、干草及精料。每天可补喂干草（以苜蓿或野干草为好）、青贮饲料、精料。同时用米汤、豆面水等让其自由饮用，以利于催奶，恢复体力，并根据膘情好坏灵活补饲煮熟的豆腐渣、豆浆等。具体可参照如下饲养方法：

第一，产后3d内，如果母羊膘情好，可暂不喂精料，只喂优质干草，以防发生消化不良或乳房炎。

第二，产后4～7d，每日可喂麸皮0.1～0.2kg，青贮饲料0.3kg。

第三，产后7～10d，每日喂混合精料0.2～0.3kg，青贮饲料0.5kg。

第四，产羔 10 d 以后，要逐渐减少精料，每天要饲喂母羊相当于其自身体重 2%～4% 的优质干草，同时尽量多喂一些青贮饲料、块根块茎类饲料、青绿多汁饲料。这有利于母羊自身和羔羊的生长。

（3）哺乳期管理技术　产后 1 周内的母仔群应舍饲或就近放牧，1 周后逐渐延长放牧距离和时间。同时，要注意天气变化，防止暴风雪对母仔的伤害。舍内保持清洁，胎衣、毛团等污物要及时清除，以防羔羊食入而生病。哺乳母羊的管理应注意安全断奶，断奶前 1 周要减少母羊的精料、多汁料和青贮料，以防发生乳房炎。

① 产羔后的母羊应注意保暖，产羔舍要防潮、避风，母仔要预防感冒，保持安静，好好休息。

② 产羔后 1 h 左右，应给母羊饮 1～1.5 L 温水或麸皮盐水，水温 25～30℃，禁止喝冷水。

③ 母羊分娩后、羔羊吃奶前，应剪去母羊乳房周围的长毛，并用温水洗净、擦干，之后挤出一些初乳，帮助羔羊吸乳。

④ 对于体况较瘦、消化力差、食欲不振的母羊，可多进行舍外运动，以增强体力。

⑤ 饲草饲料要定时定量，少给勤添，清洁卫生。

总之，一定要做好哺乳期母羊的饲养管理，以保证母羊顺利完成哺乳过程。同时，要选择合适的母仔群管理方式，以提高羔羊的成活率。

视频学习

哺乳母羊的饲养管理技术详见视频 40。

视频 40

操作（三） 羔羊饲养管理技术

由于羔羊刚出生时，对环境的适应能力差，体质较弱，抵抗力差，容易得病，再加上羔羊此时瘤胃、网胃的发育还不够完善，因此，对于新生羔羊需要给予特别的关注，以保证它们有一个良好的生长环境。养殖人员要精心饲养，以保证其成活率，保证羔羊健康成长。因此，一定要做好相应的管理工作，包括接羔、断脐、抢救假死羔羊、抢救冻僵羔羊及羔羊的防寒保暖等。护理上应当做到"三防""四勤"，即防冻、防饿、防潮和勤检查、勤喂奶、勤治疗、勤消毒。产房要经常保持干燥，潮湿时要勤换垫草，产房温度不宜过高，要求在 5～10℃。

1 接羔技术

（1）操作准备 接羔前先准备好干净温暖的房间（产房）、工作服、胶手套、口罩、干净抹布或毛巾或干草、电吹风、棉花、垃圾桶等。

（2）操作规程

① 清理口腔、鼻腔。羔羊产出后，接羔人员立即先将羔羊口、鼻、耳内黏液掏出并擦净，以免黏液或羊水进入羔羊的气管而引起异物性肺炎或发生窒息而死亡。

② 擦干羔羊身体上的黏液。

第一步，接羔人员要立即用干净抹布或毛巾或干草等迅速将羔羊的身体擦干（尤其是天气寒冷的时候），以免受冻。

第二步，用电吹风将羔羊身体吹干。

第三步，为了促进新生羔羊的血液循环，增强母仔间亲和力，最好让母羊舔干羔羊身上的黏液，这有助于母羊认羔。

第四步，引导母羊认羔。对于母羊不认羔羊，或母性不强，母羊不舔羔羊身上的黏液的，可采取以下方法：在羔羊的身上撒些炒熟的玉米面、豆面等料面，或将羔羊身上的黏液涂在母羊嘴上，引诱母羊进行舔食。

2 断脐技术

（1）操作准备　断脐前先准备好消毒过的产房、工作服、胶手套、口罩、手术刀或剪刀、止血钳、结扎线、干净抹布或毛巾、棉花、纱布、消毒液、垃圾桶等。

（2）操作规程　断脐分自然断脐和人工剪断脐带两种。

① 自然断脐。羔羊出生后，母羊站起脐带就会自然断裂。此时接产人员需在脐带断裂端涂 5% 碘酒消毒。

② 人工剪断脐带。在人工助产下分娩出的羔羊，或体质较弱的羔羊，可由助产人员人工剪断脐带。操作步骤如下：

第一步，准备好消毒过的手术刀或剪刀、丝线、碘酒、棉球等。

第二步，助产人员托住脐带，将脐带内部的血液向两边捋挤几下，然后在距离羔羊腹部的脐带基部 3～4 cm 处，用手术刀或剪刀切断或剪断。

第三步，断端涂抹 5% 碘酒消毒。其目的是阻止病菌从羔羊的脐带进入羔羊体内，预防发生脐带炎或破伤风。

3 假死羔羊抢救技术

（1）造成羔羊假死的原因　羔羊假死主要是因为胎儿在子宫内缺氧，分娩时间过长以及受到惊吓，或者是吸入了羊水所造成的。

（2）假死羊症状　有些羔羊出生后，身体发育正常，心脏虽然跳动，但不呼吸或者仅有微弱的呼吸，听诊时肺部有啰音，这种情况称为假死。但是，死胎和假死要分清，如果肛门紧闭可能是假死，若肛门张开可能是死胎。

（3）假死羔羊抢救的准备　准备干净温暖的房间、工作服、胶手套、口罩、干净抹布或毛巾、棉花、纱布、酒精、碘酒、垃圾桶等。

（4）操作规程　正常羔羊出生后，一般经 10 min 就能自己站起，通过条件反射主动寻找母羊的乳头。但有的羔羊有假死现象，这就需要进行抢救。

①　助产人员先把羔羊呼吸道内吸入的黏液及羊水清除掉，再擦净鼻孔。

②　向假死羔羊鼻孔内吹气、喷烟或进行人工呼吸，方法是对准羔羊的鼻孔有节奏地用力吹气。

③　拿来酒精棉球挤出几滴酒精，滴在羔羊的鼻孔周围刺激羔羊呼吸。也可滴碘酒刺激呼吸。

④　把羔羊放在前低后高的地方仰卧，一只手握住两前肢，另一只手握住两后肢，像拉锯一样前后反复屈伸。之后再用手轻轻拍打羔羊的胸部两侧和背部。

⑤　提起羔羊两后肢（倒提），将其头部朝下，使羔羊悬空，并用手轻轻拍击羔羊的背部、胸部，目的是使堵塞在羔羊咽喉中的黏液流出，刺激肺自主呼吸，促进心肺复苏。之后把羔羊放在温暖的地方静息一段时间。

有的技术人员把救治假死羔羊的方法编成顺口溜："前后肢，用手握，似拉锯，反复做（也就是传说中的"扯犊子"）；鼻腔里，喷喷烟，刺激羔，呼吸欢。"

4　冻僵羔羊救治技术

（1）形成冻僵羔羊的原因　严冬季节，放牧地点离羊舍过远，羔羊产在野外；没记准临产母羊的产期，夜间产羔养羊人没注意，羔羊被产在室外。羔羊因受冷，呼吸微弱，周身冰凉。对于这样的羔羊必须及时抢救，使其复苏。

(2) 操作准备　干净温暖的圈舍或产房、烧好的开水、工作服、胶手套、口罩、电吹风、水盆、干净抹布或毛巾、棉花、垃圾桶等。

(3) 操作规程

冻僵羔羊的抢救应按以下步骤进行：

第一步，准备温暖的圈舍或产房。

第二步，发现冻僵的羔羊后，必须立即抱入暖圈中，或热源附近，使其体温上升。复苏后要放入温暖的环境中静养一段时间。

第三步，给羔羊一侧颈部注射 1 mL 肾上腺素，另一侧注射 2 mL 樟脑磺酸钠。

第四步，进行温水浴。取一个大盆，兑好温水，水温由 38℃ 逐渐升到 42℃。水浴时羔羊头部要露出水面，切忌呛水。水浴时间为 20～30 min。同时结合抢救假死羔羊的其他方法，使其复苏。然后立即用干燥的毛巾或抹布擦干羔羊全身，再用电吹风吹干其身体。之后，挤十几毫升初乳喂给羔羊。

5 羔羊护理和补饲技术

(1) 操作准备　准备干净温暖的圈舍、羔羊护腹带、接羔袋或筐子或篓子、灌肠器、羔羊的饲料等。

(2) 操作规程

① 防寒保暖。哺乳期羔羊体温调节机能很不完善，不能很好保持恒温，易受外界温度变化的影响，特别是生后几小时内更为明显。肠道内的各种辅助消化酶也不健全，易患消化不良和腹

泻。所以要保暖、防寒。在高寒地区，天冷时还应给羔羊戴上用毡片、破衣碎布等制作的护腹带。若羔羊产在牧地上，吃完初乳后用接羔袋或筐子、篓子等背回家。

② 精心护理病羔。对于病羔要做到及早发现、及时治疗、特殊护理。一般体弱拉稀羔羊，要做好保温工作；患肺炎羔羊，住处不宜太热；积奶羔羊，不宜多吃奶；24 h 后仍不见胎粪排出的，应采取灌肠措施；胎粪黏稠，堵塞肛门，造成排粪困难的，应注意及时擦拭掏出，并洗净肛门。

③ 羔羊早期补饲。早期补饲有助于羔羊的生长发育。在羔羊出生 10 d 以后，就应开始训练其采食幼嫩的青干草，15～20 d 时适量补饲精料，并加入 1% 食盐和骨粉以及铜、铁等微量元素添加剂。同时，圈内要放置水盆，盛上清洁水，供羔羊饮用。饲料搭配要多样，少喂勤添，并逐渐减少哺乳次数，促进羔羊提早断奶。

总之，熟练掌握接羔技术可以显著提高羔羊的成活率；正确进行断脐操作可预防脐带炎和破伤风的发生；水浴抢救假死羔羊时的水温要掌握好，不能过高和过低；做好圈舍或产房的保暖工作对羔羊的生长发育十分重要；掌握假死羔羊的几种抢救方法，抢救时要有耐心，可以几种方法并用。

抢救冻僵羔羊技术的熟练程度对于羔羊能否成活十分关键，羔羊产后处理一定要做到细心、耐心、爱心，如果有假死或冻僵的羔羊，不要轻易放弃（见表 8-1）。

表 8-1　羔羊出生后的处理

序号	任务要求
1	第一步，清除口腔、鼻腔黏液；擦干羔羊身体表面的黏液或诱导母羊舔净羔羊身上的黏液
2	第二步，出现羔羊假死，采用恰当的方法进行及时抢救
3	第三步，断脐带（扯断或剪断）
4	第四步，脐带断端涂抹碘酊并可以适当包扎

操作（四）　羔羊培育技术

羔羊阶段是羊一生之中生长发育最迅速一个时期，体重增加得最快，也是肌肉和骨骼发育最快的阶段。如果忽视饲养管理或饲养管理不到位，常致使羔羊成活率降低，造成损失。因此，提高羔羊成活率及保证羔羊的健壮，切实做好初生羔羊的培育工作，是发展养羊生产需要做好的一项重要工作。

羔羊的培育可分为初乳期（1～7 日龄）、常乳期（7～60 日龄）和奶草过渡期（60～120 日龄）三个阶段。

1 初乳期培育技术

（1）初乳及初乳的特点　初乳是母羊分娩后的前 7 d 内所分泌的新鲜乳汁，俗称"胶奶"。初乳浓稠，色黄，略有腥味，里边含的干物质是常乳的十几倍，所含的蛋白质、脂肪、维生素、无机盐、酶和免疫球蛋白（抗体）等尤为丰富，尤其是第 1 天的初乳中脂肪及蛋白质含量最高。

初乳中的营养全面且平衡，非常容易被羔羊消化吸收利用，而且含有免疫球蛋白，可增强羔羊的抗病力，使其不容易感染疫病，降低死亡率，且初生羔羊越早吃到初乳就越健壮。同时，初乳中还含有较多具有轻泻作用的镁盐，可以促进羔羊排出胎便，防止因胎粪不下而造成羔羊死亡。

（2）羔羊吃初乳、代乳品及找保姆羊的注意事项

① 吃初乳的时间段。最合理的吃初乳的时间段应该是在羔羊出生后 2 h 内，最迟也应该在出生后 6 h 内吃到。首先要挤出母羊乳头孔里的堵塞物（俗称"奶塞子"），以保证羔羊顺利吃到初乳。羔羊出生后几乎每隔 2 h 就要吃奶 1 次，以后频次逐渐减少。饲喂初乳要掌握少量多餐的原则。

② 协助羔羊吃到初乳。如果遇到体质弱的羔羊，或初产母羊以及母性较差的母羊时，需要人工协助羔羊早吃初乳。方法是：

第一，先把母羊保定好，再将羔羊放到母羊的乳房前，口对乳头，让羔羊吃奶。必要时用手把初乳挤到羔羊嘴里一点。如此反复几次，羔羊即可自己吃奶了。

第二，将母羊的乳汁挤出，用奶瓶或奶桶饲喂羔羊，但奶瓶内初乳的温度要与体温一致，否则会引起羔羊腹泻和其他消化问题。

第三，对于产双羔或多羔的，接产人员要把握好，先让弱小的羔羊吃初乳，后让身体强壮的吃初乳，不能让第 1 只羔羊将初乳全部吃光，应保证弱羔也能吃到初乳。

③ 找保姆羊。如果母羊瘦弱没有初乳或母羊不幸死亡，或是头胎母羊不抚养自己所产的羔羊，不让羔羊吃奶，此时应给羔羊找"保姆"，或想办法让母羊喂羔羊吃奶。俗话说："母羊不要羔，一定用绝招。"遇到这些问题时，可采用下列方法解决：

第一种方法，把保姆羊排出的粪便、尿液抹在羔羊身上，使羔羊身上也有保姆羊的气味，再让保姆羊嗅闻，这样保姆羊就容易接受羔羊了，使它误以为是自己产的羔羊。如果一次不成功可多重复几次。如果是一胎多羔，一般都是选强壮的羔羊去过寄，把弱羔留下让亲生母亲哺乳。

第二种方法，找一个黑颜色的桶，把桶扣在母羊的头上，母羊乱动时，饲养员用手固定一下就可以了。这时母羊就乖乖地让羔羊吃奶了。

第三种方法，把母羊吊起来，让母羊的两前蹄刚好着地，这时母羊的后蹄就抬不起来，也就不能踢或顶羔羊了。

④ 羔羊人工哺育及注意事项：

第一，无论是盛鲜奶还是盛奶粉、代乳品的哺乳用具，都必须先加温。

第二，无论补喂羊奶还是奶粉或代乳品，都要现喂现配，做到新鲜干净。

第三，当饲喂奶粉时，往往需要添加一定量的多酶片。多酶片的正确添加方法是：将奶粉用温水（不能用开水，开水冲溶会降低其营养价值）冲溶以后，晾到37℃，再将事先研碎的多酶片溶入奶粉中，摇匀即可哺喂。多酶片也不可用开水冲溶，避免酶的活性被高温破坏（酶的活性以30～40℃时最高）（见图8-4、图8-5）。

图8-4　初生羔羊保温室内的人工哺乳

图8-5　羔羊的人工哺乳

（3）初乳期的管理技术

① 做好保温工作。羔羊出生后，一般安置在5～10℃的环境条件下比较适宜，且地面要干燥柔软。因为羔羊出生后，体温调节功能不健全，被毛湿而且稀，皮肤又薄，往往因为温度过低而造成羔羊感冒、肺炎等；相反，过高的环境温度，如35～40℃，同样不利于羔羊成活。有的羊场把刚出生的羔羊放到加热灯下保暖，有的让羔羊卧在橡胶材质的电热板上保暖，有的甚至为羔羊搭火炕进行保暖。

② 防挤防压防踩。在规模比较大的羊场，母羊和羔羊同处一圈。此时，在喂料、饮水及放牧时，往往由于母羊之间争水、争料、争出圈或饲养人员突然进入圈舍而造成羊只之间的互相拥挤、挤压、踩踏，容易伤害到羔羊。此时，可用隔离栏缩小羊群数量，进行小群饲养。

③ 做好消毒工作。在母羊产羔前，将分娩圈舍普遍消毒一次。羔羊产出后，对脐带做好消毒。在给羔羊打耳标时，对于耳标、耳标钳也应当消毒。羔羊能够采食后，还应定期对羔羊的料槽、水槽进行消毒。

④ 做好产羔记录。羔羊出生后，要及时为其戴上耳标或打上耳号，并做好记录。记录包括以下内容：产羔日期、羔羊

的父亲号、母亲号、单双羔情况、羔羊毛色、初生重、健康状况等。

2　常乳期的培育技术

常乳期一般是指羔羊在 7～60 日龄这段时间。这一阶段母乳是羔羊的主要食物，辅以少量草料。尤其出生后 1 个月以内的羔羊，主要依靠母乳生活。若母羊泌乳量充足，羔羊出生后 2 周内体重就可比初生重增加 1 倍以上。

（1）常乳期的饲养技术

① 找保姆羊。对于常乳期缺乳、少乳的羔羊也可以像初乳期羔羊一样找保姆羊，其要求及方法也与初乳期一致。可找产期相近、奶水好的产单羔母羊或产死胎母羊或死羔母羊来代替。

② 人工哺育。人工哺育可用羊奶、牛奶或奶粉、代乳品、豆浆、鸡蛋等。现在有特制的羔羊哺育器具（见图 8-6、图 8-7）。

图 8-6　羔羊的人工哺乳奶杯

图 8-7　羔羊哺乳杯的人工哺乳

　　无论用什么设备哺乳羔羊，都必须做到"四定"和清洁卫生。"四定"就是定温（38～39℃）、定量、定时、定质。出生后4周内的羔羊，每天喂6～8次，每次喂量50 mL；出生后5～7周，每天喂4～5次，每次喂量100 mL；出生后8周以上，每天只喂2～3次，每次150 mL（见表8-2）。

表 8-2　常乳期羔羊每天饲喂次数和饲喂量

周龄	饲喂次数	饲喂量/mL
4周龄以下	6～8次	50
5～7周龄	4～5次	100
8周龄以上	2～3次	150

　　③ 及早训练采食草料。只有让羔羊尽早采食草料才能尽快完善其前3个胃的发育，尽快形成反刍机能，增进食欲和增加采食量，增强羔羊的体质，促进其生长发育，提高羔羊的成活率。

a. 补饲方法。一般在羔羊出生 10 d 左右，就开始训练羔羊吃草料，以促进羔羊胃肠发育。方法是：在羊圈内吊挂草把，任羔羊自由采食。混合精料可以炒熟后粉碎，撒在食槽内。

饲草的补饲：饲草要选择嫩绿的树叶、青草，以及味香、质优、柔软的禾本科和豆科青干草。

精料的补饲：玉米、大豆、黑豆、豆饼等精料要炒至香酥，然后粉碎成微细颗粒，薄薄一层撒在食槽里，任羔羊自由舔食。为了增加饲料的适口性，还可以将胡萝卜擦成细丝混拌在精料内，量应该由少到多逐渐增加。最后待全群羔羊都会吃草料后，再改为定时、定量补饲草料。

b. 补饲原则。原则是先喂精料，后喂粗料，每天早、晚各补喂 1 次。同时要保证足够的饮水。羔羊补饲的草料只要适口性好就行，如玉米、大豆粉及紫花苜蓿、花生秧、果树树叶等，但干草一定要切短、切碎。

c. 补饲量。饲料的补喂量应根据羔羊的日龄以及体质状况而定。一般 20 日龄的羔羊每日可补喂 20～30 g 精料；1 月龄的羔羊每天可补喂精料 50～75 g，优质干草 75～100 g；1～2 月龄的羔羊，每天补喂精料 75～100 g，优质干草 100～200 g（见表 8-3）。

表 8-3　不同日（月）龄羔羊的饲喂量

日龄	补料（日喂量）
20 日龄	20～30 g 精料
1 月龄	精料 50～75 g，优质干草 75～100 g
1～2 月龄	精料 75～100 g，优质干草 100～200 g

（2）常乳期的管理技术

① 运动。羔羊 7～10 日龄后，要让羔羊到羊舍外运动场运动、游戏和晒太阳，以增强体质，促进生长。到 20 日龄时，在

暖和无风天气里，可驱赶羔羊到羊舍附近的草地上放牧、运动。随着羔羊日龄的增长，可以逐渐延长放牧的时间和加大放牧的距离（见图8-8）。到运动场运动嬉戏或到牧场放牧一段时间后，要把羔羊赶回圈舍休息，等待母羊的归来。

图8-8　羔羊在羊舍外运动和嬉戏

②保持羔羊圈舍的干燥、清洁、卫生，勤打扫，并按要求消毒。

③防止毛团堵塞羔羊消化道。羔羊在圈舍内可能将羊毛吃进胃里，日积月累，最终可能导致羊毛在胃中互相缠绕成团，堵塞消化道。预防措施是：羔羊吃奶前，将母羊乳头四周的羊毛剪净，防止误食；将羊圈内及四周的散落羊毛、草叶等用耙子搂净，收集在一起处理掉；炒些精料，或者用幼嫩树枝等引诱羔羊采食，转移其兴趣和注意力。

④注射疫苗预防疾病。羔羊时期发生最多的是"三炎一痢"，即肺炎、胃肠炎、脐带炎和羔羊痢疾。同时要注意羊快疫、羊肠毒血症、羊猝疽、羊痘等传染病。因此，一定要根据羊场的防疫方案注射相应的疫苗。

3 奶、草过渡期的培育

奶、草过渡期是指2月龄至3～4月龄断奶这段时间。

（1）奶、草过渡期饲养技术

① 饲养原则。要以采食为主、哺乳为辅，饲料要多样化。

② 草料种类要多样化。最好能制成配合料，含有玉米面、豆饼、麦麸等。粗饲料有优质青干草、豆秸秆（细嫩秸秆）等，以及青绿多汁饲料和优质青贮等。3～4月龄的羔羊，每天喂精料 125～150 g，干草 200～250 g，青贮饲料 100～150 g。

（2）奶、草过渡期管理技术

① 药浴。放牧期羔羊容易感染寄生虫。对此应早发现，早治疗。体表寄生虫主要有蜱、虱子和跳蚤等。最好的治疗办法是选用合适的药液进行药浴，详细方法见本书相关内容。

② 驱虫。体内寄生虫以绦虫和消化道线虫易发，治疗的首选药物是丙硫苯咪唑或左旋咪唑，也可以用伊维菌素或阿维菌素等，详细方法见本书相应部分的描述。

（3）断奶　传统的养羊模式中，羔羊一般在3～4月龄断奶，也有的是在1月龄早期断奶。早期断奶对母羊的繁殖、体况的恢复和下一次妊娠都有好处，但对于羔羊必须供给优质的代乳料。

总之，羔羊的培育一定要让羔羊早吃初乳，这十分有利于羔羊的成活及健康成长。同时掌握好羔羊的人工哺乳技术，搞好奶、草过渡期的饲养管理，以利于提高羔羊的成活率，使其健康生长发育。再就是，一定要循序渐进，根据羔羊的日龄有序搞好补饲工作。

视频学习

初生羔羊饲养管理技术详见视频 43，羔羊穿衣保暖详见视频 44。

视频 43

视频 44

操作（五）　育成羊（青年羊）饲养管理技术

　　育成羊是指4～18月龄的幼年羊，也就是从断奶到配种之前的羊，这一阶段的羊有人也叫它青年羊。

　　育成羊阶段是骨骼和器官充分发育的时期，饲养是否合理，对育成羊生长发育速度和体形结构起着决定性作用。与羔羊相比，育成羊的营养需求虽然稍有降低，但如果饲养管理不当，就会影响其一生的生产性能，如会出现体狭而浅、体重小、剪毛量低等问题。给予优质的饲草饲料和充分的运动是培育育成羊的关键，这样可以使羊的胸部宽广、心肺发达、体格强壮。

　　断奶后，羊的采食量增加，每天的采食量约为自身体重的2.5%～3.5%。这一阶段最为理想的饲养方式是半放牧半舍饲方式，更注重补饲，使其在配种时达到体重要求。

　　也有的人在青年羊之后又细分出一个后备羊阶段，也就是指19～30月龄的羊，而农户多指2～3岁的羊。这一时期的羊生长迅速，各种生理指标、生产性能基本达到要求。后备羊阶段仍需要较高的饲养水平，每天每只补饲混合精料0.3～0.5 kg、优质干草0.25～0.5 kg、秸秆0.4～0.5 kg。管理上要把后备公羊与成年公羊分开，防止因互相争斗而造成伤害。母羊在配种前要进行短期优饲，以便发情集中、配种集中、产羔集中，使得饲养管理更为方便。后备母羊产羔时尤其要做好接羔护羔工作，因为这样的母羊是头胎，生产上经验不足。对于母性差的母羊，要进行调教，以便其养成良好习惯。

　　根据育成羊生长发育的强度不同，可将这个时期分为育成前期（4～8月龄）和育成后期（9～18月龄）两个阶段。

育成羊体重的多少是其发育好坏程度的一个重要标志，是是否达到配种要求的重要指标，同时通过体重还可以检查出羊群的发育状况（见图8-9）。

图8-9　辽宁绒山羊育成羊羊群

1 育成前期（4～8月龄）的饲养管理技术

（1）育成前期的饲养技术

① 日粮以精料为主。每天每只可补饲混合精料0.25～0.4 kg，结合放牧或补饲优质干草和青绿多汁饲料。日粮的粗饲料量以15%～20%为宜。这是因为育成前期，尤其是刚断奶时间不长的羔羊，其生长发育虽然很快，但瘤胃容积仍有限且功能不足够完善，对粗饲料的利用能力也较差。

② 每日的精饲料分两次饲喂。第一次是在早晨放牧前，饲喂全天供给精料量的50%，同时再饲喂一些胡萝卜条、白萝卜条、地瓜丝等块根块茎类饲料。第二次是在晚上归牧后，先饮水，然后再将另外50%的精料补饲给育成羊。同时要在羊槽内放一些嫩草或优质干草，让其自由采食。

（2）育成前期的管理技术

① 主要进行放牧管理。育成前期放牧应遵循就近原则，中

途让羊回来饮水。另外，放牧要逐渐由近到远，逐步增加距离。

② 避免毒草中毒。由于育成羊刚刚开始随着羊群去放牧，刚接触青草，因而对于各种草的识别能力比较差，容易发生毒草中毒。此时，牧羊人应根据以往的经验，尽量少到毒草较多的牧场去放牧。

2 育成后期（9 ~ 18 月龄）饲养管理技术

(1) 育成后期的饲养技术　此期以放牧为主，尽量让育成羊多采食牧草，同时适当补充一些混合精料和优质干草。这是因为育成后期羊的瘤胃消化功能已经趋于完善，可以采食大量的牧草和农作物秸秆。但粗劣的秸秆不宜拿来喂羊。

① 合理搭配日粮。一般日粮以粗饲料为主，适当补饲一些精料。另外，饲料要多样化，营养要全面。

② 采用合理的饲喂方式。优质干草能促进消化器官的充分发育，能使羊体格高大、生产性能良好。如果有优质的饲草，就可以少给甚至不给精料，精料过多反而会引起运动不足，容易出现肥胖和早熟早衰，利用年限变短等情况。

(2) 育成后期的管理技术

① 分群管理。断奶后的公、母羊应分群管理，以防止发生早配早孕现象。因为此时虽然小公羊、小母羊有发情表现，也能妊娠，但由于尚未达到体成熟，容易发生流产、死胎、难产等。再就是妊娠过早将会影响其一生的生产性能（见图8-10、图8-11）。

② 合理运动。运动可防止形成"草腹"。草腹羊的外形是两头尖、中间粗，体形类似于枣核状。

③ 适时配种。育成羊一般要在满8~12月龄、体重达到成

年羊体重的 65%～70% 时配种，也就是公羊、母羊体重分别达到 40 kg 和 35 kg 以上时才可以参加配种或采精。

图 8-10　育成羊的公羊群

图 8-11　育成羊的母羊群

④ 防疫和驱虫。搞好圈舍卫生，同时根据本地实际情况用相应的疫苗进行防疫；在有寄生虫感染的地区，每年的春、秋两季进行预防性驱虫。

⑤ 修蹄。对于蹄趾间、蹄底和蹄冠部皮肤红肿，有跛行症状的，应及时治疗。可用 10% 硫酸铜溶液或 10% 甲醛溶液洗蹄，或用 2% 来苏儿洗蹄，洗完后再涂抹碘酊。

在育成羊阶段，无论是冬羔还是春羔，都必须重视断奶后的第一个越冬期的饲养和管理。许多人有这么一个误解：认为育成羊不配种、不怀羔、不泌乳，没负担，从而忽视和放松了在冬、春季的补饲，结果造成幼龄育成羊因营养不足而逐渐消瘦乏弱，甚至死亡。比如，在育成羊阶段，可通过体重变化来检查羊的发育情况。在 1.5 岁以前，从羊群中随机抽出 5%～10% 的羊，每月定期在早晨未饲喂、未出牧时进行称重。将测得的数值与标准数值进行比较，之后再调整饲养管理方式，使羊只体重达到标准。正常饲养管理条件下的增重情况见表 8-4。

表 8-4　毛肉兼用细毛羊由初生到 12 月龄体重变化　　单位：kg

月龄 类别	初生	1月龄	2月龄	3月龄	4月龄	5月龄	6月龄	7月龄	8月龄	9月龄	10月龄	11月龄	12月龄
公羊	4.0	12.8	23.0	29.4	34.7	37.6	40.1	43.1	47.0	51.5	56.3	59.6	60.9
母羊	3.9	11.7	19.5	25.2	28.7	31.4	34.4	36.8	39.8	42.6	46.0	49.8	52.6

概括起来就是，育成前期一定要以精饲料为主，育成后期以粗饲料为主，育成公、母羊要实行分群管理。

视频学习

育成羊饲养管理技术详见视频 45。

视频 45

操作（六） 奶山羊饲养管理技术

奶山羊的适应性较强，活泼好动，性情好斗；消化能力强，能充分利用各种青绿饲料。因而，奶山羊十分适合农户小规模饲养，且以舍饲与放牧结合为好，大规模养殖的话，不能完全圈养，要设置宽敞的运动场，尽可能降低饲养密度。其饲料供给应以粗饲料为主、精饲料为辅。

饲养奶山羊的主要目的就是获取山羊奶。这必然要涉及奶山羊的饲养管理技术，只有饲养管理科学，才有可能获得较高的经济效益。

1 奶山羊饲养技术

奶山羊与其他用途的绵羊、山羊有很大差别，其具有很好的将饲料中的营养物质转化为奶产品的能力，每昼夜采食的干物质量高达其体重的6%～10%（比奶牛高2～3倍），在一个泌乳期内的产奶量，相当于自身体重的8～15倍，最高达37倍。所以，为了有效地发挥奶山羊的泌乳性能，应根据其年龄、体重、生产能力，保质保量地供给所需要的饲料，进行科学的饲养。

（1）奶山羊常规饲养技术

① 制定并执行科学合理的工作日程。在生产实践中，培养和训练奶山羊建立习惯性的条件反射，有利于提高其生产性能。制定合理的工作日程，并严格遵守工作日程极其重要。表8-5是一个仅供参考的某奶山羊饲养场的工作日程表。

② 遵循耐心细致、定时定量、清洁卫生的原则。饲喂奶山羊要耐心细致，饲槽和草架按需要设置，草料和饲喂用具要清洁卫生。为保证羊吃饱吃好而又不浪费草料，要做到少量多次。凡

污染或发霉变质的草料都不能饲喂奶山羊。

表8-5　奶山羊冬季工作日程表（当年10月至翌年2月，每日挤奶两次）

序号	时间段	工作任务
1	5:50—6:50	第一次饲喂、挤奶、刷拭
2	7:30—9:00	饮水，打扫羊舍卫生
3	9:00—12:00	运动或放牧
4	14:00—16:45	喂干草、青贮料或放牧
5	16:45—18:00	第二次饲喂、挤奶，打扫挤奶室卫生
6	19:30—22:00	添喂干草
7	22:00—22:30	检查羊群

注：夏季的工作日程，即当年3～9月份，可根据季节适当将各次时间提前或错后。

③ 加工调制好各类饲料。为了提高饲料利用率，有利于奶山羊采食，青干草等粗饲料要切短，块根块茎类饲料要洗净切成小块，谷物精料先粉碎，喂前最好用一定量的清水泡软拌匀。

④ 饲喂次数和顺序要合理。挤奶期间，每天饲喂精料次数与挤奶次数相同，并在挤奶前饲喂。顺序一般是先喂精料，再喂青绿多汁饲料，最后喂干草；也可先喂干草，再喂精料，最后喂青绿多汁饲料。每次饲喂时，必须将饲槽中剩余的饲料清理干净，然后再投放下一次的饲料。更换饲料类型时要让羊有一个适应过程，不能骤然变化，要逐渐过渡。

⑤ 保证饮水，随时观察。应在运动场内设置水槽或其他饮水设施，保证随时有清洁的饮水供应，或者每日定时给羊饮水2～3次。水要洁净卫生，可加入适量食盐。冬季要饮温水，水温为18℃左右。经常观察羊的采食和营养情况，结合羊的产奶能力，适当调整精料的喂量。发现病羊及时治疗，对高产或体弱的羊要实行特殊管理。

(2) 产奶母羊饲养技术　产奶母羊饲养的首要目标是促进和保持泌乳期高产以及干乳期复壮。产奶母羊胎次不同，泌乳时期不同，产奶量也就不同，并且变化有一定的规律。奶山羊饲养得好坏对其产奶量有重大影响。产奶母羊饲养按泌乳阶段可以分为泌乳初期、泌乳上升期、泌乳下降期和干乳期等4个时期。

产奶母羊的一个泌乳期为10个月，约300 d。其产奶量因胎次不同而不同，并且变化有一定的规律。一般以第三胎次的产奶量最高，第一胎次产奶量为第三胎次的80%，第二、四胎次产奶量为第三胎次的95%，第五胎次产奶量为第三胎次的90%，以后逐渐下降。在同一泌乳期的不同月份，产奶量也有明显差别，表现出一定的规律性。在泌乳初期，产奶量不断上升，通常到产后40～70 d达到泌乳高峰，以后逐渐下降，一直到怀孕后第二个月，泌乳量显著下降。因此，产奶母羊应按泌乳期进行分期管理。

① 泌乳初期。奶山羊产羔后就开始泌乳，进入泌乳初期，本期一般为2～3周。刚开始的一周内，奶山羊胃肠道空虚，消化能力比较差，但饥饿感很强，食欲会随着羔羊的吃奶而逐渐旺盛起来，这期间不宜对母羊过早地采取催乳措施，否则容易造成食滞或慢性胃肠疾病而影响泌乳量，甚至可影响其终生的消化能力。所以，在奶山羊产羔后7 d内应以优质青草或干草为主，任其采食。可适当喂给一些含淀粉较多的块根块茎类饲料，但切忌过快地增加精料。每天应给3～4次温水，并加入少量的麸皮和食盐，7 d以后逐渐增加精饲料和青绿多汁饲料。但如果产后体况消瘦，乳房膨胀不够，则应早期少量饲喂含淀粉多的薯类等饲料。

② 泌乳上升期。泌乳2～3周后，泌乳量会逐渐上升。这一时期为了保证产奶量，奶山羊体内储存的各种养分不断被消耗，从而出现体重减轻的状况。这个时期应喂最好的草料，相当于自身体重1%～1.5%的优质干草、精料（1:1），不限量地喂青草、青贮料，还应补喂一些块根块茎、青绿多汁类饲料，以刺激泌乳机能得到最大限度地发挥。每昼夜应饲喂3～4次，间隔时间尽可能均等。饲喂要按照先粗后精再多汁的顺序进行。

③ 泌乳下降期。泌乳 2～3 个月之后，泌乳量达到高峰（一般的奶山羊约在产后 30～45 d 达到高峰，高产奶羊约在产后 40～70 d 达到高峰），持续稳定一段时间后，产奶量开始直线下降，每月下降 10% 左右。但母羊的采食量反而有所增加，采食量增加有利于恢复体重和膘情。这段时间可逐渐减少精料，但青草、干草或青贮料等不能减少，以保证母羊迅速恢复良好的体况。

④ 干乳期。一般在产羔前两个月（怀孕 60 d 左右）为干乳期。干乳期要停止挤奶。奶山羊的妊娠后期，产奶量逐渐减少，一方面是因为胎儿发育很快，需要大量营养；另一方面，由于母羊在泌乳期内因产奶而使体内营养物质消耗较多，需要恢复体况，从而为下一个泌乳期储备养分。因此，干乳期饲养水平要高。

2 奶山羊管理技术

(1) 运动 奶山羊每天应有足够的运动量。有放牧条件的，每天应放牧 5～6 h。增加羊的活动量，可以促进羊的新陈代谢，提高胃肠蠕动和消化能力，增进食欲，增强体质，还可以提高产奶量。同时，放牧还可以让羊吃到营养丰富、适口性好的青草。没有放牧条件的，应提供足够大的运动场和进行驱赶运动。

(2) 做好护理及注意卫生 一般夏季的 5～7 月份是奶山羊产奶的高峰期，这时恰逢天气炎热，蚊蝇滋生，奶山羊常常因为饲喂不当或吃了被病菌污染了的饲料而患胃肠炎，造成产奶量下降。因此，对羊舍要定期消毒和清理粪便，搞好日常的环境卫生。精心饲喂，严防病从口入，及时修建宽敞、通风、隔热的凉棚，以利于防暑降温。每 5～7 d 用石灰水、来苏儿对圈舍内外及各种用具消毒一次，每隔 3～5 d 清理粪便一次，勤换垫草并经常打扫，保持圈舍地面清洁。切实注意饲料和饮水的卫生，饲喂的饲料要新鲜，要保管好，防止被污染，防止草料发霉变质，切忌喂变质的饲料。定期检查健康状况。羊有病要及时防治，保持羊身体健康，延长产奶高峰，提高产奶量。

(3) 驱虫和预防接种　俗话说："羊瘦为病。"冬、春两季羊群的抵抗力明显降低，而每年的 3～5 月是寄生虫感染的高发期。所以，每年应在春、秋季节进行两次预防性驱虫。驱虫后 1～3 d 内，要把羊群安置在指定羊舍或指定的牧场放牧，防止寄生虫及虫卵污染干净的圈舍和牧地。对羊的粪便做发酵处理，以杀灭寄生虫虫卵。传染病对奶山羊的危害极大，要做好各项预防工作，如检疫、预防接种等。

(4) 刷拭　奶山羊要保持被毛光顺，皮肤清洁，每天都要刷拭 1～2 次。可以用硬鬃毛刷子，也可用草刷子。刷拭的时候一般是从前向后、从上向下，一刷挨着一刷，依次进行。刷拭的目的是清除皮毛上的粪、草及皮肤残屑。羊身上如有粪块污染，可用铁刷轻轻梳掉或用清水洗干净，然后擦干。刷拭一般在饲喂和挤奶后进行，以免污染饲料和羊奶。夏季天气炎热时要给羊洗澡。

(5) 修蹄　修蹄有利于奶山羊行走运动，在生产中应经常进行修蹄。舍饲奶山羊 1～2 个月需修蹄一次。修蹄技术详见本书相关部分的内容。

(6) 去角　羔羊去角是奶山羊饲养管理的重要环节，有角的奶山羊会给管理带来不便。奶山羊的羔羊去角是在出生后 1～2 周进行。人工哺乳的羔羊，最好在学会吃奶后进行。去角的方法见本书相关的内容。

(7) 打破季节性发情规律解决全年鲜奶供应不平衡问题　奶山羊属于季节性发情的家畜，发情大多集中在秋季 9～10 月份，到了来年的 2～3 月份产羔。如果采取人工处理，可以打破奶山羊的季节性发情规律，使其在非发情季节发情、排卵和受孕受胎。例如将浸透氟孕酮的海绵塞入母羊的阴道里 14 d，或者将浸透前列腺素的海绵放入母羊阴道 20 d，并同时在发情期注射孕马血清促性腺激素 8~10 mL，隔日或连日注射，经过 3~4 d 可发情。采用以上方法都可以达到调节产羔时间，使 50% 的奶山羊在休情期受胎的目的。

(8) 喂代乳品促进羔羊早断奶　用代乳品喂养羔羊，既可提高生产繁殖率，又可节省总奶量的 10%~15%。但是，喂代乳品的时间必须掌握好，一般不能早于 9 日龄。8 日龄之前要让羔羊吃好、吃足初乳。喂代乳品要有一个逐渐过渡的过程，要让羔羊慢慢适应，此过程不能少于 4 d。方法是：

把代乳品用水调匀，使其黏稠度和鲜奶相似。羔羊出生后第 9 天，开始减少喂奶量同时补加代乳品，13 日龄时停止喂奶，每天喂给 1.5~2.0 L 的代乳品，并保证充足的精料、干草和饮水。40 日龄时停止喂代乳品，每天喂给 0.5 kg 的精料。羔羊喂代乳品能保证其正常发育，很快增重。羔羊正式喂干草的时间，以 6 周龄为宜。

(9) 干奶技术　奶山羊干奶的方法有自然干奶法和人工干奶法两种。

产奶量低的母羊，在泌乳 7 个月左右配种，怀孕 1~2 个月后奶量迅速下降而自动停止产奶，即自然干奶。

产奶量高、营养条件好的母羊，应实行人工干奶。人工干奶法又分为逐渐干奶法和快速干奶法。逐渐干奶法指逐渐减少挤奶次数，打乱挤奶时间，停止按摩乳房，适当减少精料量，控制青绿多汁饲料，限制饮水，加强运动，使羊在 7~14 d 逐渐干奶。快速干奶法指在预定干奶的那天，认真按摩乳房，将奶挤净，然后擦干乳房，用 2% 碘液浸泡乳头，再给乳头孔注入青霉素或金霉素软膏，并用火棉胶予以封闭，之后就停止挤奶，7 d 之内乳房积乳逐渐被吸收，乳房收缩，干奶结束。

(10) 提高奶山羊产奶量的措施　要想获得好的经济效益，就必须想办法让奶山羊多产奶，具体有以下一些措施：

① 坚持放牧。奶山羊每天应放牧 5~6 h。放牧可使奶山羊

增强体质，少生病，多产奶。

②　饮足温水。水是乳汁的重要成分，因此，每天要提供充足的饮水，最好饮温水，一般每天至少4次。同时水要洁净卫生，并加入适量食盐。

③　喂给奶山羊泡黄豆。黄豆营养丰富，富含蛋白质、脂肪、铁、钙和维生素等营养成分，是提高母羊乳汁分泌功能的最好饲料之一。奶山羊每天饲喂100 g泡黄豆，可提高产奶量0.5 kg左右。

④　增加挤奶次数。挤奶次数增加，可以提高产奶量。如果把每天挤奶1次改为2次，可以增加挤奶量20%～30%；每天挤奶2次改为3次，又可以增加12%～15%。因为乳房越空，泌乳就越快。此外，增加挤奶次数既能减轻乳房的内压及负荷量，又能有效地防止因乳汁淤结引发的乳房炎。

⑤　精心护理。夏季的5～7月份是奶山羊产奶的高峰期。如果饲喂不当或吃了被污染的饲料而发病，会造成产奶量下降。因此，应每隔3～5 d清理一次粪便，勤换垫草并经常打扫，保持圈舍地面清洁。防止草料发霉变质，不要饲喂变质的饲料。

⑥　防治乳房疾病。在泌乳期，应经常用肥皂水和温水洗擦乳房，保持乳头和乳晕的皮肤清洁柔润。如果羔羊吃奶时损伤了乳头，需要暂时停止哺乳2～3 d，将乳汁挤出后喂羔羊，患部涂抹消炎的药膏。

每天要按时挤奶，并按摩乳房，以消除乳房炎的隐患。经常检查乳房的状况，如果乳汁颜色改变，乳房有结块，应局部热敷，活血化瘀。让羊多饮水，降低乳汁的黏稠度，使乳汁变得稀薄，以便更容易被挤出。同时，用手不断按摩乳房，可以边揉边挤出瘀滞的乳汁，直至挤净瘀汁，使肿块消失，把乳房炎遏制在萌芽阶段。

总之，通过对这一操作技术的学习，要求我们熟练掌握奶山羊饲养管理技术要点，熟练掌握日常饲养、挤奶、刷拭、去角等操作技术，并懂得如何提高产奶量。

羊的育肥技术

羊只育肥可以提高出栏率、商品率及缩短生产周期，加速羊群的周转，减轻草山负担，减少冬春羊只死亡的损失；可以提高产肉量和羊肉的品质，进而提高养殖效益。目前，羊的育肥主要根据日龄（年龄）的大小，分为羔羊育肥和成年羊育肥。下面分别做以介绍。

操作（一）　羔羊育肥操作技术

羔羊肉是指 1 岁以内，牙齿完全是乳齿的羊屠宰后的肉，其膻味轻，精肉多，脂肪少，鲜嫩多汁，易于消化，很受国际市场欢迎，许多国家上市的羊肉都是以羔羊肉为主。羔羊育肥生产羔羊肉是当今养羊业发展的一大特点。

羔羊育肥技术分为羔羊早期育肥技术（断奶前）和断奶羔羊育肥技术。

1 羔羊早期（断奶前）育肥技术

羔羊早期育肥又可分为早期断奶羔羊强度育肥（肥羔生产）和哺乳羔羊育肥两种。

（1）早期断奶羔羊强度育肥（肥羔生产）　羔羊在 45～60 日龄断奶，然后采用全精料舍饲育肥，在 120～150 日龄、活重达到 25～35 kg 时屠宰上市，称为肥羔生产。这种育肥方法适用于集约化生产要求，配套采取同期发情、诱导产羔、早期断奶、集中强度育肥、全进全出。

①育肥前准备。育肥前先要准备好羊舍。要求通风良好、地面干燥、卫生清洁、夏挡强光、冬避风雪。圈舍地面上可铺少许垫草。羊舍面积按每只羔羊 0.75～0.95 m²。羔羊断奶前半个月实行隔栏补饲，或在早、晚的一定时间内将羔羊与母羊分开，让

羔羊在一专用圈内活动，活动区内放有精料槽和饮水器，其余时间仍母仔同处。及时做好免疫和驱虫工作。正式育肥前按品种、日龄、体重、性别等做好分群工作。

② 日粮及饮水要求。早期断奶羔羊月龄小，瘤胃发育不完全，对粗饲料消化能力差，应以全精料型饲料饲喂，并以全价配合颗粒料为好，也可采用单一谷物饲料，效果最好的是玉米等高能量饲料。

③ 饲喂方式。采用自由采食，自由饮水。饲槽应防止羔羊四肢踩入，造成饲料污染，饲槽内饲料以不堆积也不溢出为宜。槽内放盐砖，让羔羊自由舔食。水槽内始终保持有清洁的饮水。

④ 适时出栏。大型肉用品种 3 月龄体重达 35 kg 时出栏，小型肉用品种出栏重相对小一些。在饲养上应设法提高断奶体重，断奶体重大则可增大出栏活重。

⑤ 注意事项。断奶前补饲的饲料应与断奶育肥饲料相同；羔羊断奶后的育肥全期不要变更饲料配方；羔羊对温度变化比较敏感，要做好保温工作。

(2) 哺乳羔羊育肥　哺乳羔羊育肥基本上以舍饲为主，但不属于强度育肥，羔羊不提前断奶，只是提高隔栏补饲水平，到断奶时从大群中挑出达到屠宰体重的羔羊（25～27 kg）出栏上市，达不到者断奶后仍可转入一般羊群继续饲养。羔羊育肥过程中不断奶，保留原有的母仔对，减免了因断奶而引起的应激反应，有利于羔羊的稳定生长。

① 饲养方法。以舍饲育肥为主，母仔同时加强补饲。母羊哺乳期间每天喂足量的优质豆科牧草，另加 500 g 精料，目的是使母羊泌乳量增加。羔羊应及早隔栏补饲，且越早越好。

② 饲料配制。整粒玉米 75%，黄豆饼 18%，麸皮 5%，沸石粉 1.4%，食盐 0.5%，维生素和微量元素 0.1%。其中，维生素和微量元素的添加量按每千克饲料计算为：维生素 A、维生素 D、

维生素 E 分别是 5 000 IU、1 000 IU 和 200 mg，硫酸钴 3 mg，碘酸钾 1 mg，亚硒酸钠 1 mg。每天喂两次，每次喂量以 20 min 内吃净为宜；羔羊自由采食上等苜蓿干草。若干草质量较差，日粮中每只应添加 50～100 g 蛋白质饲料。

③ 适时出栏。经过 50～60 d 育肥，到 4 月龄时止，挑出羔羊群中 25 kg 以上的羔羊出栏上市。剩余羊只断奶后再转入舍饲育肥群，进行短期强度育肥；不作育肥用的羔羊，可优先转入繁殖群饲养。

2 断奶羔羊育肥技术

羔羊 3～4 月龄正常断奶后，除部分被选留到后备群外，大部分需出售处理。一般情况下，体重小或体况差的进行适度育肥，体重大或体况好的进行强度育肥，均可进一步提高养羊的经济效益。目前羔羊断奶后育肥方式有以下几种：

（1）放牧育肥　从断奶到出栏一直采用放牧方式，育肥期为 3～6 个月不等，一般秋末冬初时达到一定活重即可屠宰上市。这种育肥方式主要适合于我国的内蒙古、青海、甘肃、新疆和西藏等地的牧区。

① 育肥条件。必须要有牧草繁茂的草场，育肥期一般在 8～10 月份，此时恰好牧草结籽，营养充足，羊只抓膘快。

② 育肥方法。主要依靠放牧进行育肥。放牧前半期可选用差一些的草场、草坡，后期尽量选择牧草好的草场放牧，最后阶段在优质草场，如苜蓿草地或秋茬地放牧，使羊不但能吃饱，还要增膘快。另外要注意水、草、盐这几方面的配合，如果羊经常口淡口渴，则会影响育肥效果。

③ 影响放牧育肥效果的因素：

第一，参加育肥的品种。选择生长发育快、成熟早、育肥能力强、产肉力高的品种进行育肥，可显著提高育肥效果。

第二，产羔时间对育肥效果有一定影响。相同营养水平下，早春羔羊 7～8 月龄屠宰，晚春羔羊 6 月龄屠宰。早春羔羊育肥产肉量更多，效益更好。

（2）混合育肥　混合育肥是一种放牧与补饲相结合的育肥方式，此法在农区、牧区及半农半牧区都可采用。混合育肥有两种情况：

① 放牧后短期舍饲育肥。具体做法是在秋末草枯后对一些未抓好膘的羊，特别是还有很大增重潜力的当年生羔羊，再延长一段育肥时间，在舍内补饲一些精料催肥，使其达到屠宰标准。

② 放牧补饲型育肥方式。具体是指在育肥羊完全通过放牧不能满足快速育肥的营养需求时，所采用的放牧加补饲的混合育肥方式。

（3）舍饲育肥　舍饲育肥是根据羊育肥前的状态，按照饲养标准和饲料营养价值配制羊的饲喂日粮，并完全在舍内喂、饮的一种强度育肥方式。与放牧育肥相比，在相同月龄屠宰的羔羊，活重可提高 10%，胴体重可提高 20%，育肥期短、周转快，经济效益高，且不分季节，可全年均衡供应羊肉产品，故舍饲育肥效果好。这种育肥方式适用于粮产丰富的地区，利于组织规模化、标准化、无公害肉羊生产，有助于我国羊肉质量标准与国际通用标准接轨，进而打入国际市场。

① 管理要求。圈舍要求冬暖夏凉，保持干燥、通风、安静和卫生，在我国北方地区可使用塑料暖棚养羊。育肥前要合理分群，做好抗应激、驱虫、免疫、剪毛、健胃、日常观察等工作。定时、定量、定质给料。供给充足洁净饮水，冬季要饮温水，水温以 12℃左右为宜。育肥期不宜过长，达到上市要求即可。舍饲育肥通常为 75～100 d，时间过短则育肥效果不显著；时间过长则饲料转化率低，育肥效果也不理想。在良好的饲养条件下，育肥期一般可增重 10～15 kg。

② 日程管理。严格按饲养管理日程进行操作。下面介绍一例舍饲育肥羊饲养管理日程表（表 9-1），以供参考。

表9-1　某羊场羔羊舍饲饲养管理日程表

序号	时间段	工作任务
1	7:30—9:00	清扫饲槽，第一次饲喂
2	9:00—12:00	打扫圈舍卫生
3	12:00—14:30	羊饮水，躺卧休息
4	14:30—16:00	第二次饲喂
5	16:00—18:00	清扫饲槽
6	18:00—20:00	第三次饲喂
7	20:00—22:00	躺卧休息，饮水
8	22:00—	饲槽中投放铡短的干草，供羊夜间采食

（4）异地育肥　异地育肥的显著特点是优化不同地区的饲草饲料资源，羔羊的繁殖和育肥在不同的区域内（异地）完成。具体包括以下两种方式：一是山区繁殖，平原育肥；二是牧区繁殖，农区育肥。

山区和牧区耕地面积少，精料紧缺，饲养环境差，交通不便，距离优质的肥羔产品销售市场较远。把山区和牧区所繁殖的断奶羔羊转移到精料多、环境条件好的平原和农区，可以有效提高羔羊的育肥效果和产出水平，并在一定程度上保护山区植被和缓解牧区草场压力，从而获得更大的经济效益和生态效益。

总之，我们必须了解羔羊育肥的几种方式；知道肥羔生产与哺乳羔羊育肥的异同点；知道羔羊断奶后的4种育肥方式。

视频学习

育肥羔羊饲喂方法详见视频46。

视频46

操作（二）　成年羊育肥技术

　　成年羊育肥是指对 1 岁以上的羊进行的育肥。这些羊的普遍特点是体质差、膘情差、精神状况中等，主要包括那些淘汰的老羊、长期不孕的羊、长期营养不良消瘦的羊、失去繁殖能力的羊，或者是不宜作种用的 5～6 月龄的公羊等。这种育肥方式要选择那些膘情中等、身体健康、牙齿好的羊，使其在短期内增重上膘，以期获得较高的产肉量。为了提高成年羊育肥的效益，应充分利用天然牧草、秸秆、树叶、农副产品及其他各种下脚料，扩大饲料来源。但是，这种类型育肥的效果较差。

　　有人把羯羊的育肥也列入成年羊育肥。羯羊育肥是将不适合作种用的公羊在早秋时候进行去势，经过 4～6 个月的育肥，到第二年的 4～5 月份以后出售、屠宰。这样可保证增重，以换取最大的经济效益。一般去势的公羊比没去势的公羊可增重 10%～20%。

1 成年羊育肥的原理

　　进入成年期的羊，机能活动最旺盛、生产性能最高、代谢水平十分稳定。成年期虽然绝对增重达到高峰，但在饲料丰富的条件下，仍能迅速沉积脂肪，如果采取相应的育肥措施，可使其在短期内达到一定体重而屠宰上市。在我国，羊肉生产的主体仍是以淘汰的成年羊为主。

2 成年羊育肥的准备

　　（1）选羊与分群　成年羊育肥一定要使待育肥羊处于非生产状态，即母羊应停止配种、妊娠或哺乳；公羊应停止配种、试情，并进行去势。各类羊在育肥前都应剪毛，剪毛既不影响宰后皮张质量,又可增加经济收入,还能改善羊的皮肤代谢,增强育肥效果。对于过老、采食困难的羊不宜用来育肥,否则会白白浪费饲料,同时也达不到预期效果。

挑选出来的成年育肥羊应按品种、老幼、强弱、性别、体重大小和体质状况进行分群组群。一般把情况相近的羊放在同一群里育肥,避免因强弱争食,有利于羊群的安宁和羊的育肥。为了减少羊的膻味并有利于管理,凡是被确定用于育肥的公羊都应该去势(见图9-1)。

图 9-1　绵羊育肥前的去势

(2) 防疫与驱虫　在被确定是育肥羊后,就应立即应用驱虫药进行体内、体外驱虫,以免感染寄生虫而影响增重。对患有疥癣的羊进行药浴或局部涂擦药物灭癣。再注射"三联四防"疫苗预防羊快疫、羊猝狙、羊黑疫、羊肠毒血症等梭菌性疾病。同时在圈内设置足够多的水槽、料槽,保证提供给每只羊的饲槽宽度在 35 cm 左右,并进行环境(羊舍及运动场)清洁与消毒。

(3) 保温与护理　成年羊育肥大多安排在秋、冬季,此时一定要注意防寒保温,保证圈舍内温度达到 10℃以上,这有利于育肥羊的增重。再就是加强护理，使羊多吃少动，可多沉积脂肪，保证育肥效果。

3 成年羊育肥方式

目前，成年羊主要的育肥方式有两种，即放牧与补饲混合型育肥和舍饲育肥。但无论采用何种育肥方式，放牧是降低成本和利用天然饲草资源的有效方法。

（1）放牧与补饲混合型育肥

① 夏季放牧补饲育肥。放牧补饲育肥是充分利用夏季牧草旺盛、营养丰富的特点进行的育肥，归牧后适当补饲精料。这期间羊日采食青绿饲料可达 5～6 kg，精料 0.4～0.5 kg，育肥的日增重一般在 140 g 左右。

② 秋季放牧补饲育肥。主要选择淘汰的老母羊和瘦弱羊作为育肥羊。育肥期一般在 60～80 d，此时可将羊先转入秋季牧场或农田茬地放牧，待膘情好转后，再转入舍饲育肥。

（2）舍饲育肥　成年羊舍饲育肥的周期一般以 40～80 d 为宜。膘情好的成年羊育肥期可以为 40 d，即育肥前期 10 d，中期 20 d，后期 10 d；膘情中等的成年羊育肥期可以为 60 d，即育肥前、中、后期各为 20 d；膘情差的成年羊育肥期可以为 80 d，即育肥前期 20 d，中、后期各为 30 d。

舍饲育肥方式适用于有饲料加工条件的地区和饲养的肉用成年羊或羯羊。成年羊舍饲育肥时，最好将饲料加工为颗粒饲料。现推荐两款典型日粮配方供参考（见表 9-2、表 9-3）。

表 9-2　成年羊舍饲育肥日粮配方（一）

序号	原料	比例/%（质量）	序号	原料	比例/%（质量）
1	禾本科草粉	30.0	3	精料	25.0
2	秸秆	44.5	4	碳酸氢钙	0.5

表9-3 成年羊舍饲育肥日粮配方（二）

序号	原料	比例/%（质量）	序号	原料	比例/%（质量）
1	禾本科草粉	35.0	3	精料	20.0
2	秸秆	44.5	4	碳酸氢钙	0.5

无论采用哪种育肥方式，都应该根据羊的采食情况和增重情况随时调整饲喂量。

4 成年羊育肥的饲养管理程序

成年羊育肥前的圈舍、饲料、羊只、育肥方案等准备好后，剩下的就是饲喂和管理了。各个养羊场的饲养管理程序是不一样的。下面介绍一则相对实用的程序（见表9-4），供参考。

表9-4 某羊场成年羊育肥饲养管理程序

序号	时间段	工作任务
1	7:00	饲喂
2	9:00—11:30	调制饲料，清扫圈舍
3	13:00	饮水
4	14:00—16:30	将饲草与精料混搅均匀，堆积起来自然发酵，待第二天使用
5	17:00	饲喂
6	19:30	检查羊只休息，观察羊只精神状况
7	夜间	值班人员巡查，发现异常情况立即上报技术人员和兽医

5 成年羊育肥饲养管理要点

成年羊育肥及羯羊的育肥都属于短期育肥，饲料的营养要全面，能量水平要高。粗饲料可用玉米秸秆、豆秸、地瓜秧、各种树叶、各种杂草等；精料可用玉米、豆粕、棉籽粕等。育肥时一定要合理安排饲喂制度。成年羊的日喂量一般为 2.5～2.7 kg。每天投料两次，日喂量的分配与调整以饲槽内基本不剩为标准。喂颗粒饲料时，最好采用自动饲槽投料，雨天不宜在敞圈饲喂，下午应适当喂些青干草（每只 0.25 kg 左右），以利于成年羊反刍。

在成年羊育肥的生产实践中，各地应根据当地的自然条件、饲草料资源、育肥羊品种以及人力物力状况，选择适宜的育肥模式，争取达到以较少的投入换取更多肉产品的目的。

总之，成年羊育肥应注意以下 4 个方面（见表 9-5），只有饲养管理方法得当，才能取得好的经济效益。

表 9-5　成年羊舍饲育肥技术

序号	步骤	任务要求
1	选羊与分群	要选择膘情中等、身体健康、牙齿好的羊只进行育肥，淘汰膘情很好和极差的羊。挑选出来的羊应按体重大小和体质状况等方面分群，一般把情况相近的羊放在同一群育肥，避免因强弱争食造成较大的个体差异
2	入圈前的准备	对羊只注射"三联四防"疫苗，同时在圈内设置足够的水槽、料槽，并进行环境(羊舍及运动场)清扫与消毒
3	选择最优配方配制日粮	选好日粮配方后，要严格按比例称量配制日粮
4	安排合理的饲喂制度	成年羊只日粮的日喂量依配方不同而有差异，一般日喂量为2.5～2.7 kg。每天投料两次，日喂量的分配与调整以饲槽内基本不剩料为标准

视频学习

羊育肥增重一例详见视频 47。

视频 47

羊只智能养殖决策关键技术

操作技术十

三十四项养羊
关键操作技术

我国养羊历史悠久，一直以来，养羊业都是养殖领域的重头戏之一。羊为人们提供了高质量的产品，如羊毛、羊肉、羊皮、羊绒和羊奶等。然而，传统的养羊方式往往凭借的是经验和人工操作，存在着生产效率低下、资源浪费、疾病控制不力等问题，这些问题严重影响了养羊场（户）的收益。

目前，随着现代科技的飞速发展，养羊业也在悄然发生着改变，变得更加智能和高效。特别是人工智能技术在养羊业中正发挥着越来越重要的作用，智能化养殖已逐渐成为一种趋势和发展方向，正推动着这一行业朝着更加可持续和创新的方向发展。新技术的应用不仅可以提高养殖效率，降低养殖成本，还可以极大地改善饲养环境，增强疾病监测和预防的能力。

1　羊生产智能决策平台

羊生产智能决策平台是一种利用现代信息技术，如物联网、大数据、人工智能等，为羊的养殖提供智能化决策支持的综合性平台。羊只养殖智能决策技术的基础是数据，数据采集与集成是其关键，决策是最终目的。下面对这一决策平台进行简要介绍。

（1）数据采集与管理

数据的采集与管理包括个体信息采集、环境数据采集和数据存储与分析。

① 个体信息采集。通过给羊佩戴电子耳标或其他识别设备，记录羊的基本信息，如出生日期、品种、性别、系谱等，以及生长过程中的体重、体尺、采食情况、健康状况等动态数据。

② 环境数据采集。借助安装在羊舍内的传感器，实时监测环境参数，如温度、湿度、氨气浓度、光照强度等，从而为羊只提供适宜的生活环境。

③ 数据存储与分析。将采集到的大量数据进行存储，并运

用数据分析技术，挖掘数据中的潜在规律和价值，如生长趋势分析、疾病预测等。

（2）功能模块

平台的功能模块包括生产管理、繁殖管理、健康管理和预警提醒。

① 生产管理。这一模块涵盖了羊只的日常饲养管理，如饲料配方制定、饲喂计划安排、饮水管理等，根据羊只的生长阶段和营养需求，提供科学合理的饲养方案。

② 繁殖管理。对羊的发情、配种、妊娠、分娩等繁殖过程进行精准监控和管理，通过分析繁殖数据，制订最佳的配种计划，提高受胎率和繁殖率。

③ 健康管理。实时监测羊只的健康状况，结合临床症状和检测数据，实现疾病的早期预警和诊断，及时采取防制措施，降低疾病发生率和羊只死亡率。

④ 预警提醒。设置关键指标的阈值，当数据异常或达到预警条件时，通过短信、App 推送等方式及时通知管理人员、饲养人员以及兽医人员，以便让他们能够快速做出反应。

（3）决策支持

决策支持包括生产决策和风险评估两项内容。

① 生产决策。根据羊只的生长数据和市场需求，提供最佳的出栏时间、销售策略等建议，帮助养羊场（户）提高经济效益。

② 风险评估。对养殖过程中可能面临的风险，如市场价格波动、疫病流行、自然灾害等进行评估和分析，制定相应的风险应对措施。

2 羊舍智能环境监控技术

（1）系统安装与初始化设置

① 设备安装调试。按照设备说明书，在羊舍内合适位置安

装温度、湿度、氨气浓度等传感器，以及通风、水帘、加热等控制设备和摄像头等。安装的设备要确保牢固、位置合理且能正常运行。安装完成后进行调试，检查各传感器数据采集是否准确，控制设备是否能正常响应指令，视频监控画面是否清晰，有无死角等问题。

② 参数设置。根据羊的品种、生长阶段和养殖经验，在监控系统中设置温度、湿度、氨气浓度等环境参数的适宜范围，以及通风、水帘、加热等设备的运行参数，如通风时间、水帘开启温度等。

(2) 日常监测与调控

① 环境数据查看。每天定时查看监控系统中的环境数据，包括实时数据和历史数据曲线，了解羊舍环境参数的变化趋势。如发现数据异常或超出设定范围，应及时进行分析和处理。

② 设备远程控制。根据数据和羊只实际情况，远程控制羊舍内的设备。例如，当温度过高时，通过手机或电脑远程开启通风设备或水帘进行降温；当湿度太大时，启动除湿设备；当光照不足时，调节照明设备亮度等。

③ 视频监控查看。定期查看视频监控画面，观察羊只的采食、饮水、活动、休息等状态，以便能及时发现羊只的异常行为或疾病症状，如打斗、离群、精神萎靡等，以便采取相应措施。

(3) 预警处理与维护

① 预警信息处理。当系统发出预警信息时，如环境参数超标、设备故障等，及时查看并确认情况。对于环境参数超标问题，按照应急预案进行处理，如调整设备运行参数、检查设备是否正常工作等；对于设备故障，及时联系维护人员进行维修。

② 系统维护。定期对传感器、控制设备和监控系统进行维护保养，如清洁传感器探头、检查设备线路连接是否松动、线路是否短路、是否需要更新系统软件等，以确保系统正常运行。同

时，做好维护记录，包括维护时间、维护内容、设备运行情况等，以便日后查阅和分析。

3 羊体温智能检测技术

羊体温智能检测技术是一种利用现代科技手段对羊只体温进行实时、精准监测的一项技术，下面对其进行简要介绍。

（1）检测设备

① 智能耳标。智能耳标是目前羊体温智能检测中最常用的设备之一。如中农电子医生（S306-P-B）耳标，就是采用先进的数字传感器，可直接插入羊耳内部精确测温，无须算法校正。

② 项圈式体温计。通常由温度传感器、微处理器、无线通信模块和电源等部分组成。项圈佩戴在羊的颈部，传感器与羊的皮肤紧密接触，能够实时测量羊的体表温度，并通过无线通信模块将数据传输到接收设备。

③ 红外热成像仪。通过接收羊只身体发出的红外辐射来生成热图像，进而测量羊只体表的温度情况。它可以非接触式地快速获取大面积的温度信息，能够同时监测多只羊的体温状况。

（2）工作原理

① 接触式测量。智能耳标和项圈式体温计等设备主要采用接触式测量原理。传感器与羊只的身体部位紧密接触，通过感测羊体的热量来获取体温数据。

② 非接触式测量。红外热成像仪则基于非接触式测量原理。任何物体都会发出红外辐射，其强度与物体的温度有关。红外热成像仪通过光学系统将羊只身体发出的红外辐射聚焦到探测器上，探测器将红外辐射转换为电信号，再经过处理和分析，得到羊只体表的温度分布图像和具体温度值。

(3) 数据处理与分析

① 数据传输。智能检测设备采集到的体温数据通常会通过无线通信技术传输到数据接收终端或云平台。

② 数据分析。在数据接收终端或云平台上，对采集到的体温数据进行分析和处理。通过设定正常体温范围，当检测到羊只体温超出此范围时，系统会自动发出警报，提醒养殖人员及时关注。

4　羊行为智能监控技术

羊行为智能监控系统是一种利用先进技术对羊的行为进行实时监测和分析的智能化系统，可以为羊只的管理提供科学的依据。

(1) 系统构成

① 视频采集设备。包括高清摄像头、全景摄像头等，安装在羊舍内及运动场等合适的区域，确保能够全面覆盖羊只活动范围，以获取清晰的羊只行为图像和视频数据。

② 数据传输模块。采用无线通信技术，如 WiFi、4 G/5 G 等，将采集到的视频数据稳定传输到监控中心或云平台，确保数据的实时性和完整性。

③ 数据处理与分析系统。运用计算机视觉技术和深度学习算法，对视频数据进行处理和分析，提取羊只的行为特征，如采食、饮水、休息、运动、嬉戏、打斗等，并进行分类和识别。

④ 监控终端。监控终端包括电脑、手机等设备。管理人员可通过监控终端随时随地查看羊只的行为状态，接收系统的报警信息。

(2) 监控功能

① 行为识别与分析。系统能够准确识别羊只的各种行为，

分析行为的频率、持续时间、发生时间等参数，如统计羊只每天的采食时间和采食量，判断羊只的食欲是否正常等。

② 异常行为预警。当羊只出现异常行为时，如打斗、离群、站立不稳、频繁卧地、精神萎靡等，系统会立即发出警报，提醒管理人员及时查看和处理，避免羊只受伤或发生疾病。

③ 繁殖行为监测。对种公羊和母羊的繁殖行为进行监测，如发情鉴定、配种行为检测等，为羊只的繁殖管理提供科学依据，提高繁殖效率。

5　羊场智能巡查机器人

羊场智能巡查机器人是一种融合了多种先进技术，用于羊场自动巡检和监控的智能设备。

(1) 硬件构成

① 移动底盘。移动底盘多采用履带式或轮式底盘，如四摆臂履带式移动底盘，具备良好的稳定性和通过性，能适应羊场复杂的地形。

② 感知系统。感知系统包括高清摄像头、红外热成像仪、激光雷达、超声波测距仪、温湿度传感器、气体传感器等，可全方位感知羊场环境和羊只状态。

③ 机械臂与末端执行器。部分机器人配备柔性机械臂及多功能末端执行器，如三指机械手爪和药液喷射量自动调控喷头，可进行清理障碍、羊舍消杀等操作。

④ 控制系统。通常以可编程控制器为核心，结合导航定位模块，实现机器人的自主导航、路径规划和运动控制。

(2) 软件功能

① 自主巡逻与导航。通过预设巡逻路线或自主规划路径，机器人可 24 h 不间断地在羊场内自主巡逻，确保全面覆盖羊舍、

运动场等区域。

② 羊只行为与状态监测。利用图像识别和分析技术，实时监测羊只的行为，如采食、饮水、休息、运动等，还能通过红外热成像仪监测羊只体温变化，及时发现异常情况。

③ 环境监测与预警。实时检测羊场环境参数，如温度、湿度、氨气浓度等，当环境参数超出正常范围时，及时发出预警，提醒管理人员采取措施。

④ 数据分析与管理。对采集到的羊只行为数据、环境数据等进行分析和处理，为养殖管理提供决策依据。

总之，人工智能技术正推动养羊业朝着更智能、更高效和可持续的方向发展。新技术的应用不仅使养羊者能够更好地管理养殖过程，提高生产效率和质量，还有助于保护环境，为养羊业带来了更多的可能性和机遇。同时，养羊场也需要积极引进新技术，加强技术创新和人才培养，推进智能化养殖的落地。

以下是一个养羊智能化的视频，智能化技术在羊的体尺分析、体重测量、羊只的分群等方面发挥了重大作用，大大提高了劳动效率，并提高了数据的准确性。

视频学习

羊体尺分析识别系统详见视频48。

视频48

参考文献

[1] 郎跃深，李昭阁 . 绒山羊高效养殖与疾病防治 [M]. 北京：机械工业出版社，2015.

[2] 熊家军，肖峰 . 高效养羊 [M]. 北京：机械工业出版社，2014.

[3] 郎跃深，刘建仁，李义民 . 羔羊快速育肥与疾病防治技术 [M]. 北京：化学工业出版社，2016.

[4] 郎跃深，王天学 . 健康高效养羊实用技术大全 [M]. 北京：化学工业出版社，2017.

[5] 郎跃深 . 羊典型疾病快速诊断与防治图谱 [M]. 北京：化学工业出版社，2020.

[6] 郎跃深，倪印红，何占仕 . 肉羊 60 天育肥出栏与疾病防控 [M]. 北京：化学工业出版社，2021.

[7] 郎跃深，李海林，宋芝 . 健康高效养羊实用技术大全 [M]. 2 版 . 北京：化学工业出版社，2024.

[8] 郎跃深，刘廷玉，张洪伟 . 牛羊生产技术 [M]. 北京：中国农业科学技术出版社，2024.